JN111936
年生
SQL
SQLiteで
体験してわかる!
会話でまなべる!
1年生
リブロワークス 著
データベースのしくみ
OPEN
SE
SHOEISHA

本書内容に関するお問い合わせについて

■ 本書内容に関するお問い合わせについて

このたびは翔泳社の書籍をお買い上げいただき、誠にありがとうございます。
弊社では、読者の皆様からのお問い合わせに適切に対応させていただくため、以下のガイドラインへのご協力をお願いいたしております。
下記項目をお読みいただき、手順に従ってお問い合わせください。

ご質問される前に

弊社Webサイトの「正誤表」をご参照ください。これまでに判明した正誤や追加情報を掲載しています。

正誤表　https://www.shoeisha.co.jp/book/errata/

ご質問方法

弊社Webサイトの「書籍に関するお問い合わせ」をご利用ください。

書籍に関するお問い合わせ　https://www.shoeisha.co.jp/book/qa/

インターネットをご利用でない場合は、FAXまたは郵便にて、下記翔泳社愛読者サービスセンターまでお問い合わせください。電話でのご質問は、お受けしておりません。

回答について

回答は、ご質問いただいた手段によってご返事申し上げます。ご質問の内容によっては、回答に数日ないしはそれ以上の期間を要する場合があります。

ご質問に際してのご注意

本書の対象を超えるもの、記述個所を特定されないもの、また読者固有の環境に起因するご質問等にはお答えできませんので、あらかじめご了承ください。

郵便物送付先およびFAX番号

送付先住所　〒160-0006　東京都新宿区舟町5
FAX番号　03-5362-3818
宛先　㈱翔泳社 愛読者サービスセンター

※本書に記載されたURL等は予告なく変更される場合があります。
※本書の対象に関する詳細は8ページをご参照ください。
※本書の出版にあたっては正確な記述につとめましたが、著者や出版社などのいずれも、本書の内容に対してなんらかの保証をするものではなく、内容やサンプルに基づくいかなる運用結果に関してもいっさいの責任を負いません。
※本書に掲載されているサンプルプログラムやスクリプト、および実行結果を記した画面イメージなどは、特定の設定に基づいた環境にて再現される一例です。
※本書に記載されている会社名、製品名はそれぞれ各社の商標および登録商標です。
※本書の内容は、2023年9月執筆時点のものです。

はじめに

商品の売上情報をはじめ、顧客情報、SNSサービスに投稿された情報など、世の中には多種多様な情報があふれています。近年は、データ（情報）を分析して、マーケティングや商品開発などに活かされています。データを分析するためには、分析対象のデータを蓄積したり、蓄積したデータから取り出したりする必要があります。
そこで登場するのがSQLとデータベースです。SQLとデータベースを利用することで、データの追加（蓄積）や取り出しが迅速に行えます。

この本は、SQLとデータベースに触れたことがない初心者のための入門書です。データベースという言葉はよく聞くものの、どんなものかイメージがつかめないという方こそ、実際に触れて体験してみてください。この本では物知りなフクロウ先生とお家が果物屋さんのエリちゃんが登場します。エリちゃんがデータベースを使ったお店の売上情報の管理に挑戦するので、一緒にSQLを使ったデータベースの操作を体験してみましょう。

SQLでもっとも多い操作であるデータの取り出しから学び、データの追加、変更、削除について学んでいきます。基本的なSQLが作れるようになれば、あとは操作したいデータにあわせてデータ名（カラム名）を変えたり、操作したいデータの条件を変えたりするだけです。思いとおりに操作できたときは、パズルが解けたかのような達成感があります。

この本でSQLを使ったデータベースの操作を体験し、SQLとデータベースについて学ぶきっかけになれば幸いです。

2023年9月吉日
リブロワークス

もくじ

はじめに …… 3
本書の対象読者と1年生シリーズについて …… 8
本書の読み方 …… 9
本書のサンプルのテスト環境／サンプルファイルと特典データのダウンロードについて …… 10

第1章 SQLについて学ぼう

LESSON 01 データベースとSQLって何だろう？ …… 14
データベースって何？ …… 15
DBMSの種類 …… 16
RDBMSとSQL …… 16
SQLiteの特徴 …… 19
RDBMSとSQLの一般的な使い方 …… 20

LESSON 02 SQLiteを使う環境を準備しよう …… 21
Windowsで環境を準備する方法 …… 21
macOSでの準備 …… 26

LESSON 03 SQLiteを起動しよう …… 27
Windowsでコマンドプロンプトを起動する …… 28
macOSでターミナルを起動する …… 29
作業対象のフォルダを変更しよう …… 30
SQLiteを起動しよう …… 32

LESSON 04 データベースにテーブルを作ろう …… 33
データベースにデータを入れよう …… 33
SQLiteを終了する …… 36

第2章 データを取り出してみよう

LESSON 05 作ったデータベースの内容を確認しよう …… 40
作ったデータベースの内容を確認しよう …… 40

LESSON 06 SELECT文を使ってみよう …… 42

SELECT 文でデータを取り出してみよう 42
出力結果の表示形式を変更しよう 44
指定したカラムのデータを取り出そう 45
重複した値を取り除く 47
指定した複数カラムのデータを取り出そう 48
文と句 49

LESSON 07 取り出した結果をわかりやすくしよう 51
AS キーワードで別名を付けよう 51

LESSON 08 条件を付けてデータを取り出そう 54
WHERE 句を使ってみよう 55
さまざまな比較演算子を使ってみよう 56
日付データを条件式に使ってみよう 58

LESSON 09 複数の条件を組み合わせてみよう 61
AND 演算子を使ってみよう 61
OR 演算子を使ってみよう 63
NOT 演算子を使ってみよう 64
複数の演算子を組み合わせてみよう 65
カッコを使って演算子の優先順位を変えてみよう 67

LESSON 10 さまざまな条件式を作ってみよう 69
IN 演算子を使ってみよう 70
NOT IN 演算子を使ってみよう 71
BETWEEN 演算子を使ってみよう 72
NOT BETWEEN 演算子を使ってみよう 74
条件式の書き方はいろいろ 76

第3章 取り出したデータを加工してみよう

LESSON 11 データを集計しよう 80
集計関数 81
レコード数を数えてみよう 82
指定したカラムの合計値を求めよう 84
指定したカラムの平均値を求めよう 85
指定したカラムの最小値と最大値を求めよう 86

LESSON 12 データをグループ化しよう 88
GROUP BY 句でデータをグループにまとめよう 89

GROUP BY 句と SUM 関数を組み合わせてみよう 92
GROUP BY 句と AVG 関数を組み合わせてみよう 93

LESSON 13 グループ化した値を結合させよう 94
GROUP_CONCAT 関数を使ってみよう 95
GROUP_CONCAT 関数と DISTINCT キーワードを組み合わせよう 97

LESSON 14 グループ化した結果に条件を指定しよう 98
HAVING 句を使ってみよう 99
句の実行順番に注目しよう 100

LESSON 15 データを並べ替えよう 103
ORDER BY 句で並べ替えよう 103
並べ替え方法を指定しよう 104
複数のカラムを指定して並べ替えよう 106

LESSON 16 複数の句を組み合わせた SELECT 文を作ってみよう 108
ORDER BY 句が実行される順番を学ぼう 108
絞り込んだデータを並べ替える 109
グループ化して集計したデータを並べ替えよう 110
ここまでに学んだ句をすべて使ってみよう 112

第4章 データを変更してみよう

LESSON 17 CRUD って何だろう？ 118
DBMS の基本機能 119
データベースをバックアップしよう 120

LESSON 18 データを作成しよう 123
INSERT 文を使ってみよう 123
カラム名を省略しよう 127
NULL 値について学ぼう 129
データを復元しよう 133

LESSON 19 データを更新しよう 134
UPDATE 文を使ってみよう 135
複数の値を更新してみよう 136
UPDATE 文で WHERE 句を忘れた場合 138

LESSON 20 データを削除しよう 139
DELETE 文で指定した条件のレコードを削除する 140

DELETE 文ですべてのレコードを削除する …… 141
テーブルを削除する …… 142

第5章 複数のテーブルでデータを管理しよう

LESSON 21 新しいテーブルを考えよう …… 146
テーブル名とカラム名の命名規則 …… 147
テーブルの構造を決めよう …… 149
LESSON 22 既存のテーブル名を変更しよう …… 151
既存のテーブル名を変更しよう …… 151
LESSON 23 テーブルを作ってデータを入れよう …… 153
CREATE 文について学ぼう …… 153
データの種類 …… 155
制約の種類 …… 156
テーブルの構造を整理しよう …… 158
新しいテーブルを作ろう …… 159
新しいテーブルにデータを作成しよう …… 160
テーブルに設定した制約が有効かを確認しよう …… 162
LESSON 24 テーブルを結合してデータを取り出そう …… 164
テーブルの結合 …… 165
INNER JOIN 句でテーブルを結合しよう …… 165
INNER JOIN 句と WHERE 句を組み合わせよう …… 168
INNER JOIN 句と GROUP BY 句を組み合わせよう …… 170
LESSON 25 テーブルのデータで計算をしよう …… 172
算術演算子を使ってみよう …… 173
カラムの値を使って計算しよう …… 174
集計関数の引数に演算結果を渡してみよう …… 176
LESSON 26 データを CSV ファイルに書き出そう …… 179
CSV ファイルを書き出す …… 179
Windows で出力した CSV ファイルを Excel で読み込む …… 182
macOS で出力した CSV ファイルを Excel で読み込む …… 184
LESSON 27 これから何を勉強したらいいの？ …… 188

索引 …… 190

本書の対象読者と1年生シリーズについて

本書の対象読者

本書はSQL（Structured Query Language：構造化問い合わせ言語）とデータベースの知識がゼロの方を対象にした超入門書です。簡単で楽しいサンプルを作りながら、会話形式で、SQL文を使いながらデータベースのしくみを理解できます。初めての方でも安心してSQLとデータベースの世界に飛び込むことができます。

- **SQLの知識がない初学者**
- **データベース操作を初めて学ぶ初学者**

SQL1 年生シリーズについて

SQL1年生シリーズは、SQLを知らない初心者の方に向けて、データベースに「最初に触れてもらう」「体験してもらう」ことをコンセプトにした超入門書です。

超初心者の方でも学習しやすいよう、次の3つのポイントを中心に解説しています。

ポイント❶ イラストを中心とした概要の解説

章の冒頭には漫画やイラストを入れて各章で学ぶことに触れています。冒頭以降は、イラストを織り交ぜつつ、概要について説明しています。

ポイント❷ 会話形式でデータベースのしくみを丁寧に解説

必要最低限のSQL文をピックアップしてデータベースのしくみを解説しています。途中で学習がつまずかないよう、会話を主体にして、わかりやすく解説しています。

ポイント❸ 初心者の方でも作りやすいサンプル

初めてSQLとデータベースを学ぶ方に向けて、楽しく学習できるよう工夫したサンプルを用意しています。

本書の読み方

本書は、初めての方でも安心して SQLの世界に飛び込んで、つまずくことなく学習できるよう、さまざまな工夫をしています。

フクロウ先生とエリちゃんのほのぼの漫画で章の概要を説明

各章で何を学ぶのかを漫画で説明します。

この章で具体的に学ぶことが、一目でわかる

該当する章で学ぶことを、イラストでわかりやすく紹介します。

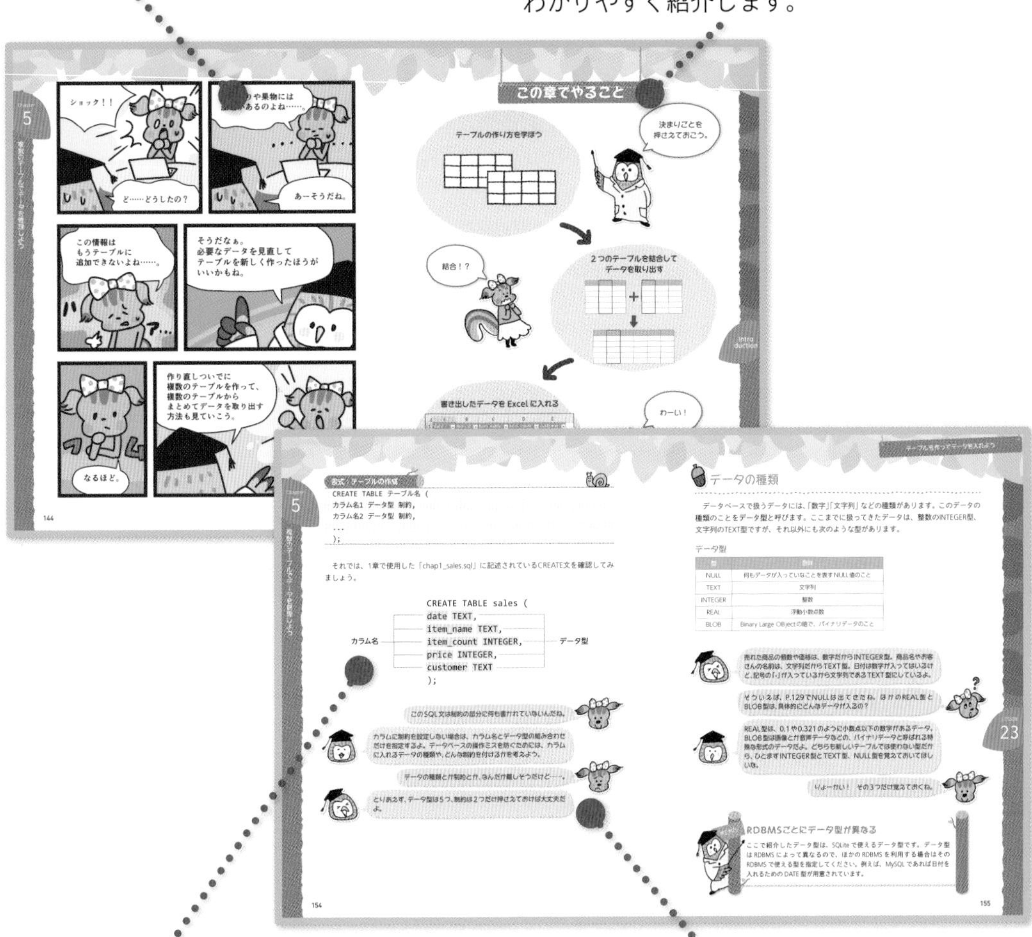

イラストで説明

難しい言い回しや説明をせずに、イラストを多く利用して、丁寧に解説します。

会話形式で解説

フクロウ先生とエリちゃんの会話を主体にして、概要やサンプルについて楽しく解説します。

本書のサンプルのテスト環境

本書のサンプルは以下の環境で、問題なく動作することを確認しています。

OS：Windows 11、macOS Monterey（12.1.x）
SQLite：3.41.2（Windows 11環境）、3.36.0（macOS Monterey環境）

サンプルファイルと特典データのダウンロードについて

付属データと会員特典データのご案内

付属データ（本書記載のサンプルコード）と会員特典データは、以下の各サイトからダウンロードできます。

- **付属データのダウンロードサイト**

URL **https://www.shoeisha.co.jp/book/download/9784798179612**

- **会員特典データのダウンロードサイト**

URL **https://www.shoeisha.co.jp/book/present/9784798179612**

注意

付属データに関する権利は著者および株式会社翔泳社が所有しています。許可なく配布したり、Webサイトに転載したりすることはできません。付属データの提供は予告なく終了することがあります。あらかじめご了承ください。

免責事項

付属データおよび会員特典データの記載内容は、2023年9月現在の法令等に基づいています。付属データおよび会員特典データに記載されたURL等は予告なく変更される場合があります。

付属データおよび会員特典データの提供にあたっては正確な記述につとめましたが、著者や出版社などのいずれも、その内容に対してなんらかの保証をするものではなく、内容やサンプルに基づくいかなる運用結果に関してもいっさいの責任を負いません。

付属データおよび会員特典データに記載されている会社名、製品名はそれぞれ各社の商標および登録商標です。

著作権等について

付属データおよび会員特典データの著作権は、著者および株式会社翔泳社が所有しています。個人で使用する以外に利用することはできません。許可なくネットワークを通じて配布を行うこともできません。個人的に使用する場合は、ソースコードの改変や流用は自由です。商用利用に関しては、株式会社翔泳社へご一報ください。

2023年9月
株式会社翔泳社　編集部

第1章
SQLについて学ぼう
はーい!
データベースと
SQLについて
説明するよ!
OPEN

先生！
おはよー。
おーエリちゃん
おはよー。
今日はお休みなのに
お店のお手伝い？

そうなの。
あー先生は、
いつものどんぐりねー。

どんぐりは美味しいからね。
今日はほかにも
何か買おうかな。

ありがとうー！
じゃあ先生の買った商品を
メモしておこう！
あれ？
売れた商品をメモして、
あとでもう一度、
集計してるの？

そう！
たいへん
なのー。
そんなときは
データベースで
管理するといいよ！

おー！ そんな
便利なものが！
一緒に
見ていこう！
はーい！

この章でやること

データベースのしくみを理解

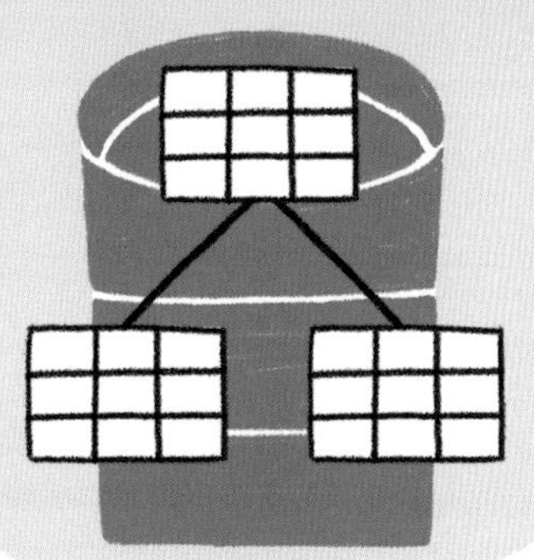

SQLiteを使う準備をするよ。

データベースにデータを入れる

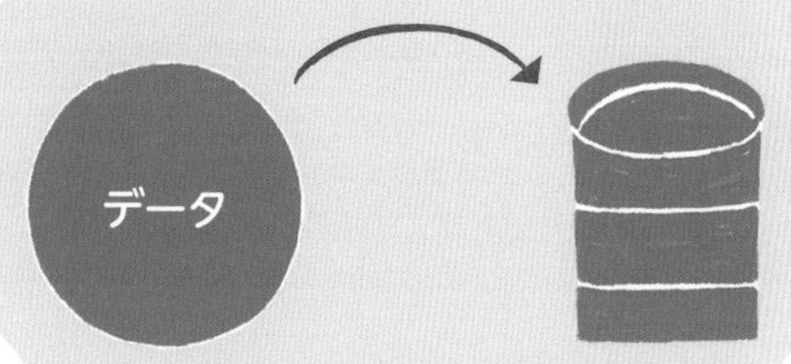

LESSON 01

データベースとSQLって何だろう?

本書ではSQLを使って、データベースでデータを管理する方法を学んでいきます。データベースとSQLは、いったいどういうものなのでしょうか。

フクロウ先生、ちょっと相談があるんだけどいいかな?

こんにちはエリちゃん、どうしたんだい?

お父さんとお母さんが、お店で売れた商品の数を毎日数えているんだけど、なんだか大変そうなの。たまに間違えちゃって仕入れの数が足りないこともあるし……。何か私に手伝えることはないかなと思って。

お父さんとお母さんを手伝いたいなんて、エリちゃんはいい子だねぇ。それならとっておきの方法があるよ。

本当に!? ぜひ教えてください!

もちろんだとも。お店で売れた商品の数、つまり売上情報をデータベースで管理してみるのはどうだろうか。

データベース? 聞いたことないけど、どういうものなの?

ひとことでいうと、大量のデータを効率よく管理するためのものだよ。

データベースって何?

保管されたデータの集まりとそのデータを管理するシステムをデータベース（Data Base）といいます。身近なところでは、インターネットのショッピングサイトで商品情報や顧客情報などが、データベースで管理されています。データベースでデータを管理することにより、大量のデータの中から目的のデータを迅速に取り出すことができます。

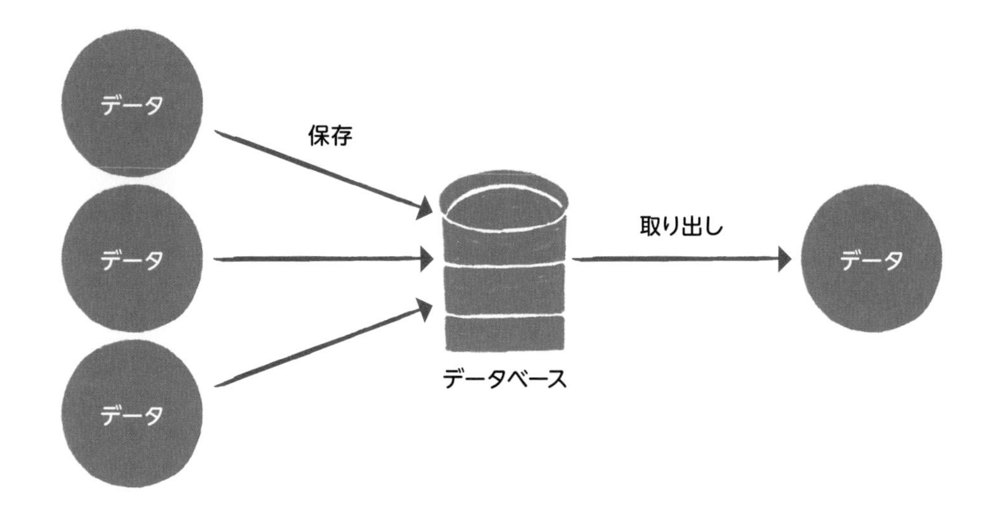

インターネットでたまに買い物をするけど、知らないうちにデータベースのお世話になっていたんだね。

ショッピングサイト以外にも、銀行の預貯金データや、SNSに投稿されたデータもデータベースで管理されているよ。

そんなに便利なんだ！　どうやって使うの？

DBMSというソフトウェアと、DBMSに命令するSQLという言語を使って、データを保存したり取り出したりするんだ。

でぃーびーえむえす？　えすきゅーえる??

DBMSの種類

コンピュータ上でデータの管理を行うソフトウェアのことをデータベース管理システム（DataBase Management System）といい、DBMS（ディービーエムエス）と呼ばれます。DBMSにはさまざまな種類があり、保存したいデータにあわせて選択します。

階層型データベース

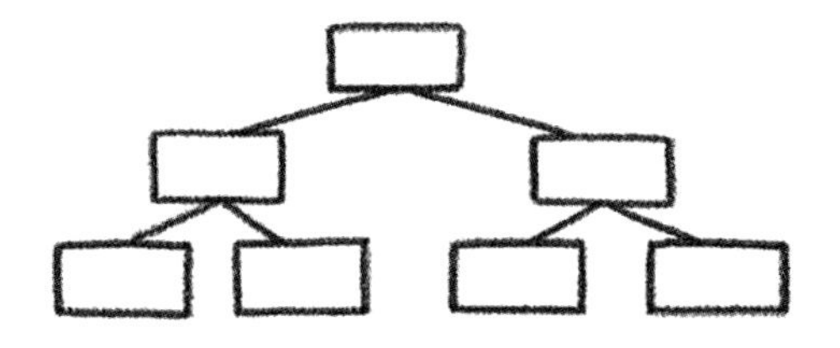

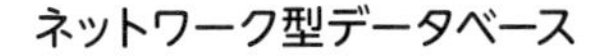

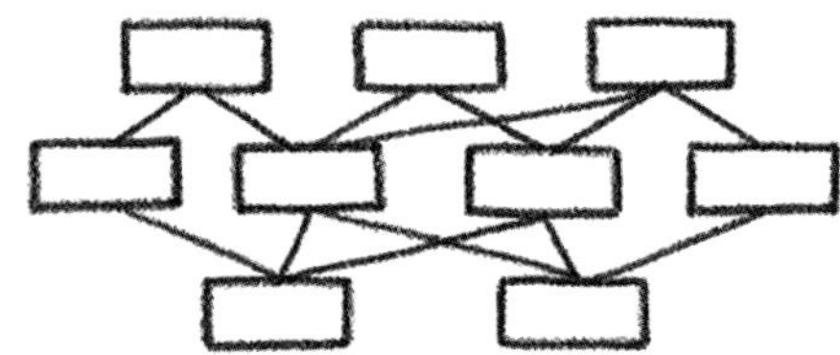

リレーショナルデータベース

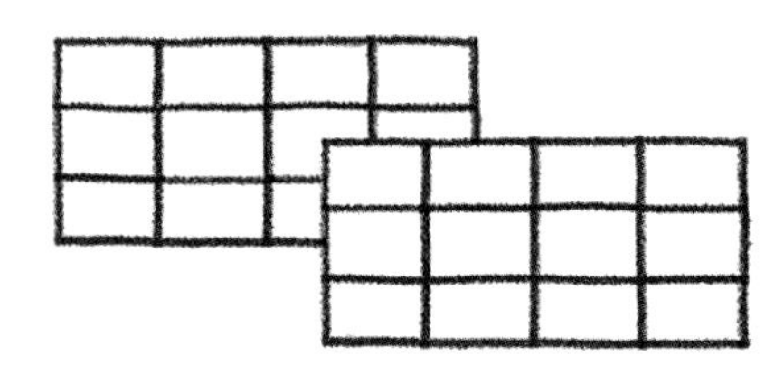

へぇーDBMSといってもいろいろあるのか。

この中でもっともシェア率が高いのはリレーショナルデータベースなんだ。この本ではリレーショナルデータベースであるSQLiteを使ってデータを管理する方法を学んでいくよ。

RDBMSとSQL

リレーショナルデータベースの管理を行うDBMSは、RDBMS（アールディービーエムエス）と呼ばれます。RはRelational（リレーショナル）の略で、「関係のある」という意味があります。RDBMSは、ビジネス向けの大規模なシステムに使うものから、小規模なシステムに使うものなど、さまざまな種類があります。本書では、導入が容易かつ無償で利用できるSQLiteを利用して学習を進めていきます。

なお、一般的には「保管されたデータの集まりとそのデータを管理するシステム（DBMS）」をまとめてデータベースと呼びますが、DBMSで管理するデータの集まりだけを指してデータベースと呼ぶ場合もあります。本書ではDBMSが管理するデータの集まりをデータベースと表記します。

代表的なRDBMS

名前	説明
Oracle Database（オラクルデータベース）	商用でのシェアが高く、大規模なシステムで利用される
MySQL（マイエスキューエル）	オープンソースで、Webアプリケーションの開発に利用される
PostgreSQL（ポストグレスキューエル）	拡張性があり独自の処理を追加できることから、複雑なデータ構成のシステムに利用される
SQLite（エスキューライト）	小規模で高速に動作することから、小規模なシステムやIoT機器（電子機器）などに利用される

リレーショナルデータベースでは、データをテーブルと呼ばれる2次元の表形式で表します。テーブルの列にあたる部分をカラム、行にあたる部分をレコードといいます。また1レコードが1件分のデータに該当し、レコード内の個々のデータが入る場所はフィールドと呼ばれます。

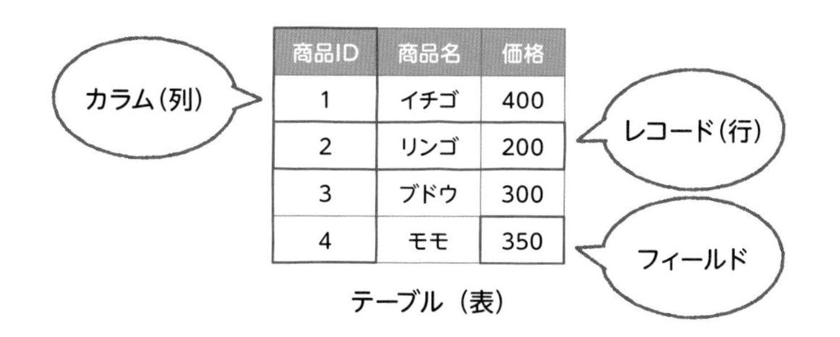

また、リレーショナルデータベースではテーブル同士を関連付けてデータを管理することが可能で、複数のテーブルをデータベースで管理できます。つまり、テーブル同士が関係性を持った（リレーショナルな）状態で管理されます。

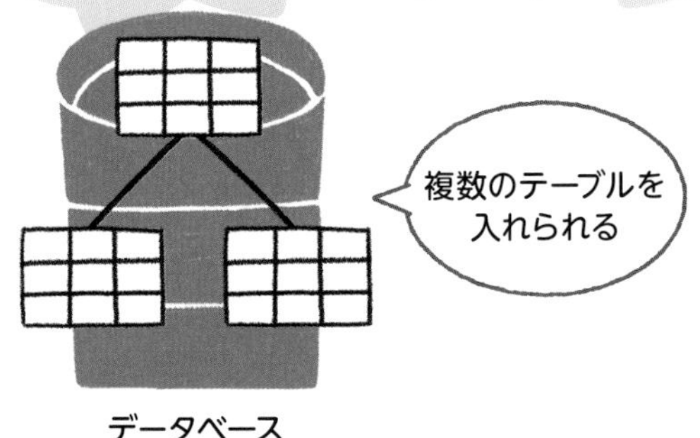

そして、本書の学習テーマであるSQL（エスキューエル）は、RDBMSでデータを操作するためのデータベース言語です。SQLで書いたSQL文と呼ばれる命令を使うことで、データベースにデータを入れたり、データを取り出したりできます。

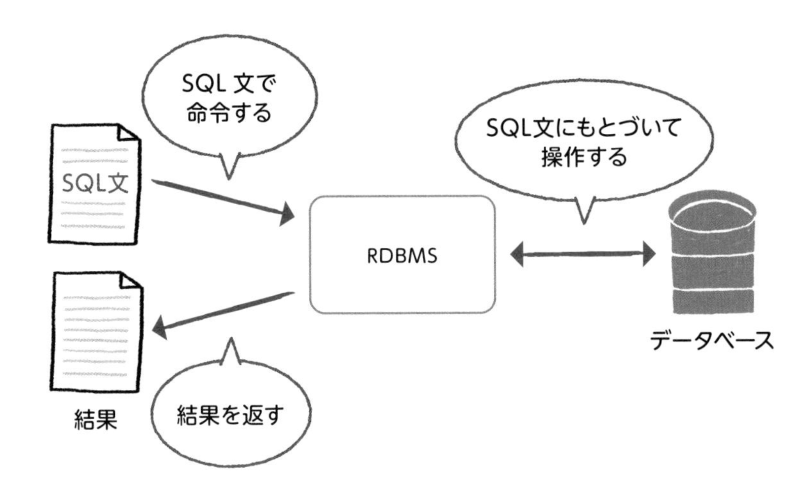

SQLはANSI（米国規格協会）やISO（国際標準化機構）などといった団体により定められた標準規格があります。標準規格に準拠したSQLは標準規格SQLと呼ばれます。本書では、どのRDBMSでも実行可能な基礎の部分にしぼってSQLの学習を進めていきます。

ちなみにSQLのQは「問い合わせ」って意味があるQuery（クエリ）に由来していて、SQL文はクエリとも呼ばれているよ。

私の名前とソックリだ!!

SQLiteの特徴

RDBMSにはそれぞれメリットとデメリットがあるから、目的にあわせたRDBMSを選ぶ必要があるんだ。学習用、もしくは小規模なデータベースを管理する場合、SQLiteが最適だと思うよ。

メリット

- 軽量なため、動作が高速
- 複雑な設定が不要
- 導入が容易

デメリット

- 複数人で同時に操作できない
- パスワード機能がないため、セキュリティ面に不安がある
- 何十万件もデータがある大規模なデータベースには不向き

そっか、大規模なデータベースを作りたい場合は、ほかのRDBMSを使ったほうがいいってことだね。

もしほかのRDBMSを使いたくなってもSQL自体は同じだから、SQLiteを使って勉強した知識は活かせるよ。

RDBMSとSQLの一般的な使い方

ショッピングサイトのようなWebアプリケーションの場合、RDBMSはサーバサイドと呼ばれる領域で利用します。サーバサイドに対して、利用者が直接操作するコンピュータおよびWebブラウザはクライアントサイドと呼ばれます。通常、RDBMSは何らかのアプリケーションをとおして実行します。

例えば、ショッピングサイトで商品の検索や購入をする際、バックエンドにあるWebアプリケーションからRDBMSにSQL文を渡し、結果を取得します。

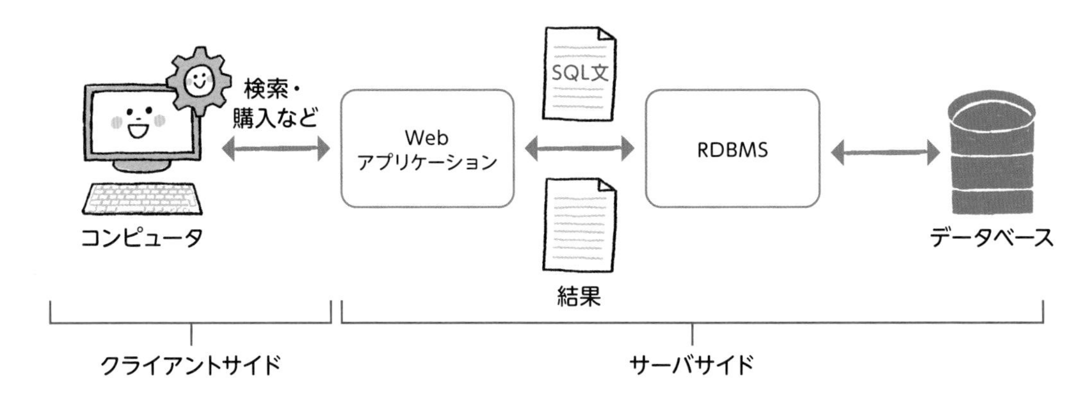

こんなしくみになってるんだ。

何らかのデータを使ったアプリケーションを作る場合も、SQLを理解しておく必要があるんだ。まぁ今回は、小規模なデータベースだし、SQLの学習も兼ねているから、エリちゃんが操作するコンピュータにRDBMSを入れて、データベースを操作するよ。

LESSON 02

SQLiteを使う環境を準備しよう

SQLite をダウンロードしたり、作業用のフォルダを作ったりして、学ぶ環境を整えましょう。

SQLiteってどうやって使うの？

公式サイトからインストール用の実行ファイルをダウンロードするだけですぐに使えるよ。macOSの場合はデフォルトでインストールされているから、インストールされているものをそのまま使おう！

Windowsで環境を準備する方法

WindowsでSQLiteを使用するための環境を準備しましょう。まずはEdgeなどのWebブラウザで公式サイトにアクセスしてください。なお、ここではWebブラウザとしてMicrosoft Edgeを利用しています。

＜SQLite公式サイトのダウンロードページ＞
https://www.sqlite.org/download.html

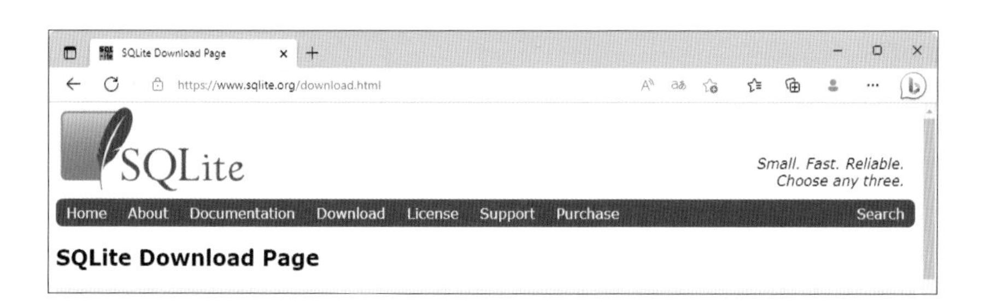

① 実行ファイルをダウンロードします

SQLiteの公式サイトから、SQLiteコマンドラインツールが含まれたzipファイルをダウンロードします。❶「sqlite-tools-win32-x86-XXXXXXX.zip」をクリックしましょう（本書では、SQLite 3.41.2を利用しています）。

なお本書刊行時点で、あたらしいバージョンのリリースが予想されます。サイトに図のバージョンがない場合は、https://www.sqlite.org/2023//sqlite-tools-win32-x86-3410200.zipよりダウンロードしてください。

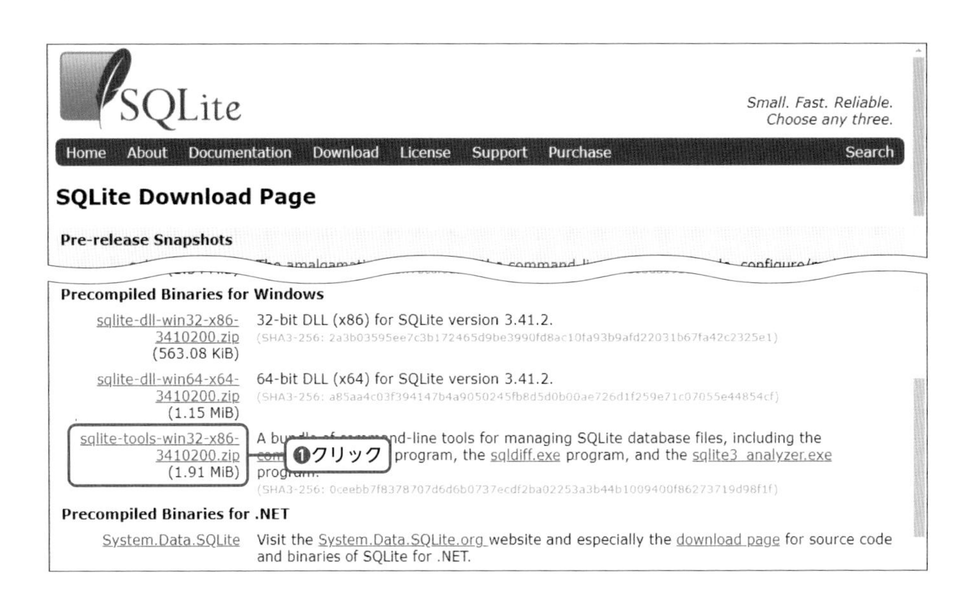

② ファイルの保存を許可します

ダウンロードする際、Edgeのセキュリティ機能により「sqlite-tools-win32-x86-XXXXXXX.zipを開く前に、信頼できることを確認してください。」というメッセージが表示される場合があります（メッセージが表示されない場合は、P.23の手順③へ進んでください）。ファイル名の横に表示される❶［…］をクリックして、❷［保存］をクリックします。

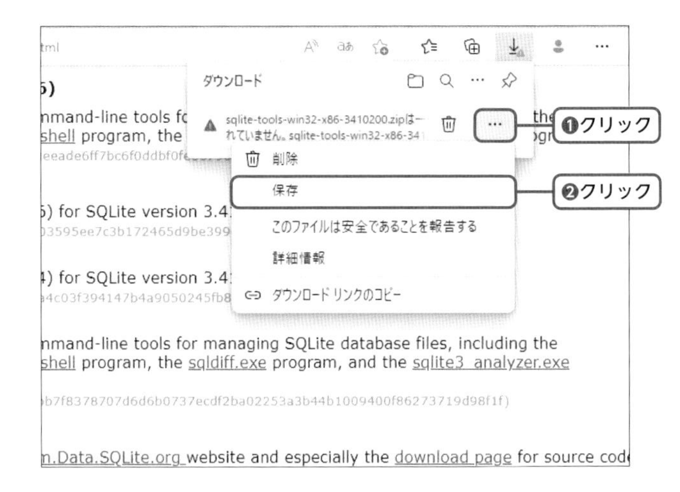

そして、詳細表示の❸［v］をクリックし、❹［保持する］をクリックします。

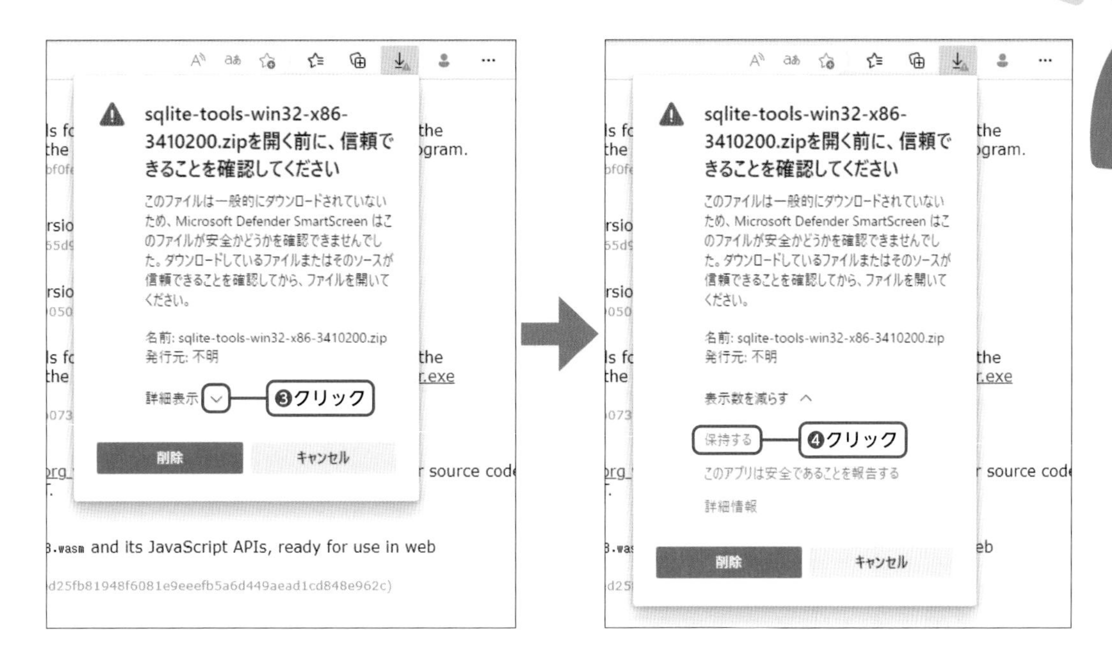

③ ダウンロード先のフォルダを表示します

ファイルがダウンロードされたら、❶フォルダアイコンをクリックして、ダウンロード先のフォルダを開きます。

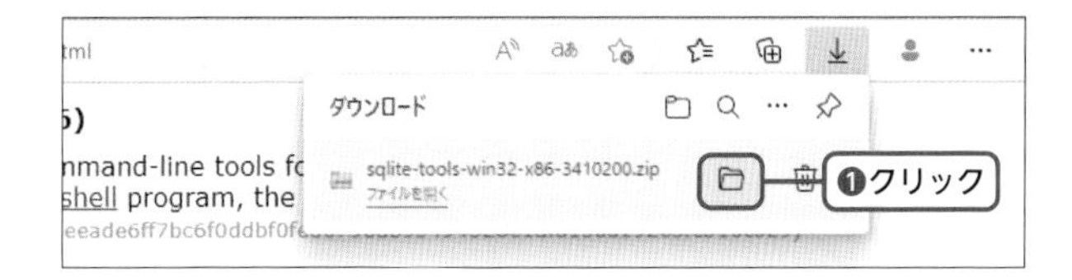

④ zipファイルをすべて展開します

ダウンロードした❶「sqlite-tools-win32-x86-XXXXXXX.zip」をクリックして、❷［すべて展開］をクリックします。

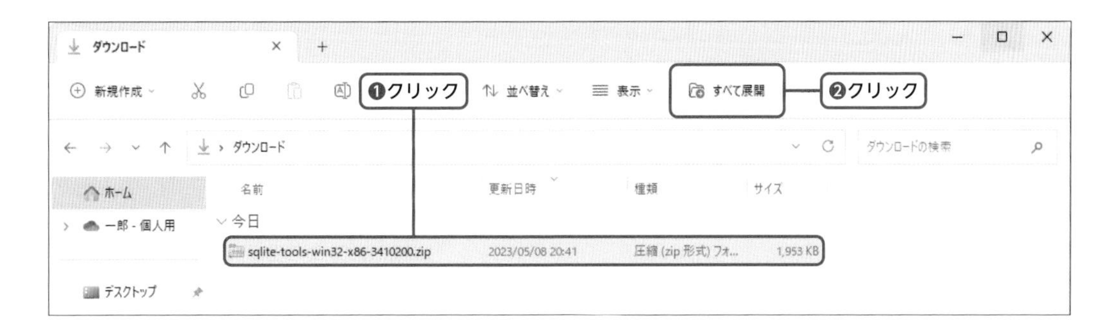

⑤ 展開を実行します

展開先のフォルダ指定が求められます。変更せずに❶［展開］をクリックします。

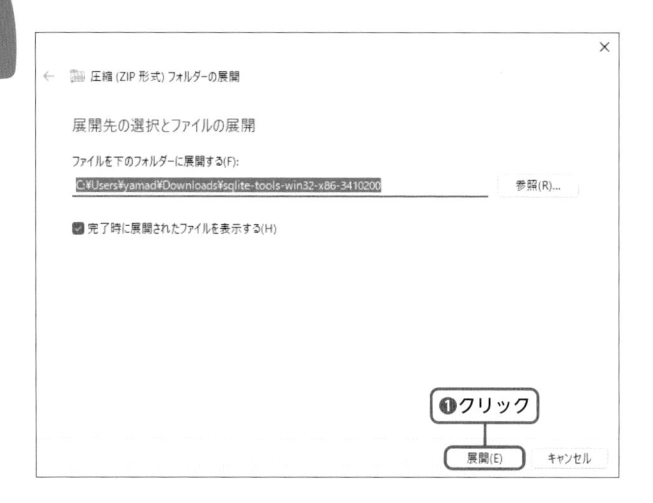

⑥ 作業用フォルダに展開されたツールをコピーします

展開された「sqlite-tools-win32-x86-XXXXXXX」フォルダには、「sqldiff.exe」「sqlite3.exe」「sqlite3_analyzer.exe」という3つのファイルが入っています。この3つのファイルを作業用の場所に移動します。

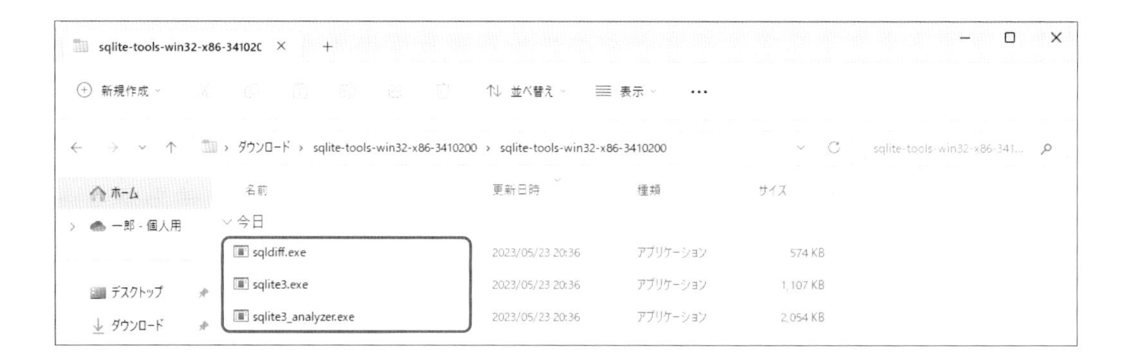

本書ではドキュメントフォルダの直下に、「sql1nen」という作業用のフォルダを作って利用します。❶ドキュメントフォルダに「sql1nen」という名前のフォルダを作りましょう。

「sqlite-tools-win32-x86-XXXXXXX」フォルダから「sql1nen」フォルダへ、「sqldiff.exe」「sqlite3.exe」「sqlite3_analyzer.exe」を移動させます。Shiftキーを押しながら3つのファイルをクリックし、❷「sql1nen」フォルダへドラッグ&ドロップします。

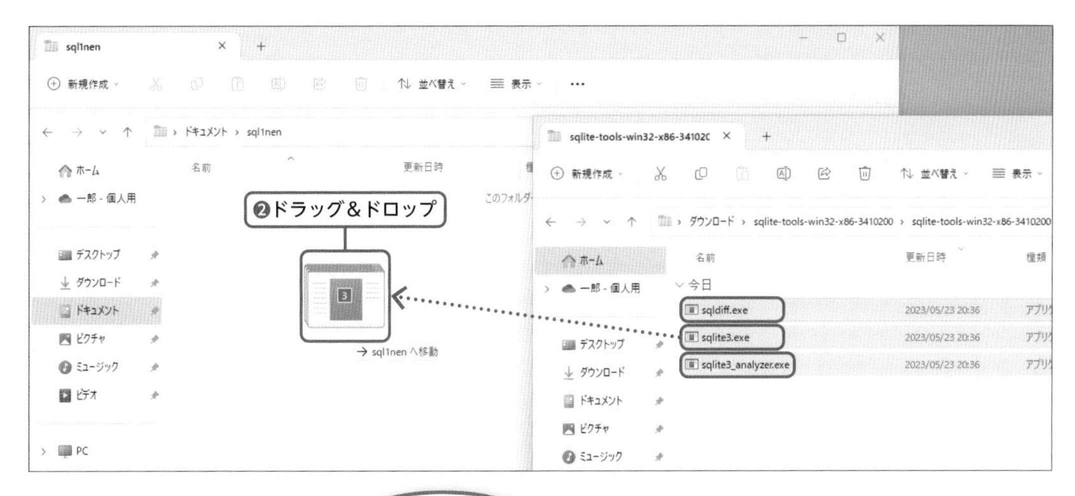

これでWindows
環境でのSQLiteの
準備は完了だよ。

macOSでの準備

macOSにはあらかじめSQLiteがインストールされているので、すでにSQLiteが使える状態です。学習をはじめる準備として、書類（Document）フォルダに「sql1nen」という作業用のフォルダを作成してください。

1 Finderを開きます

画面左下のDockから❶［Finder］をクリックします。

2 書類フォルダを開きます

画面上部にFinderのメニューバーが表示されるので、❶［移動］をクリックして、❷［書類］をクリックします。

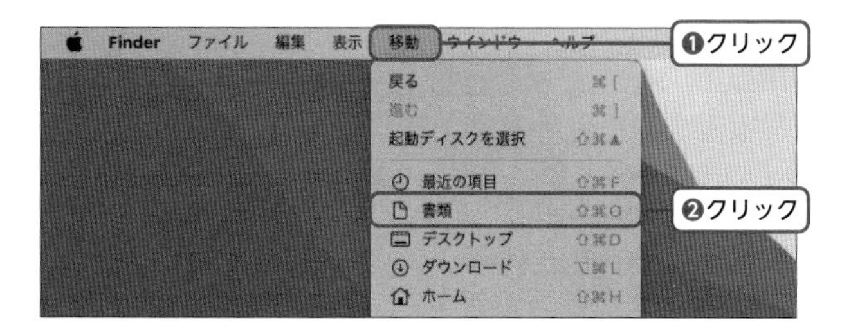

3 書類フォルダに「sql1nen」フォルダを作成します

書類フォルダが表示されるので、❶「sql1nen」フォルダを作成してください。

SQLiteを起動しよう

SQLite を使う環境を整えたので、実際に SQLite を起動させてみましょう。

SQLiteを使う準備が整ったら、SQLiteを起動して、データベースとテーブルの作成を試してみよう。エリちゃんは、コマンドラインツールって使ったことはあるかな？

使ったことないと思う。

コマンドラインツールは、コンピュータと文字で表した命令でやり取りを行うアプリケーションのことだよ。SQLiteには、インターネットで使うWebブラウザのようなボタンや文字が表示されるウィンドウはないんだ。

え！　そしたらどうやって操作すればいいの？

そこで登場するのがコマンドラインツールだよ。コマンドラインツールから、SQLiteを起動させてSQL文を渡すんだ。

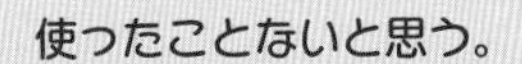

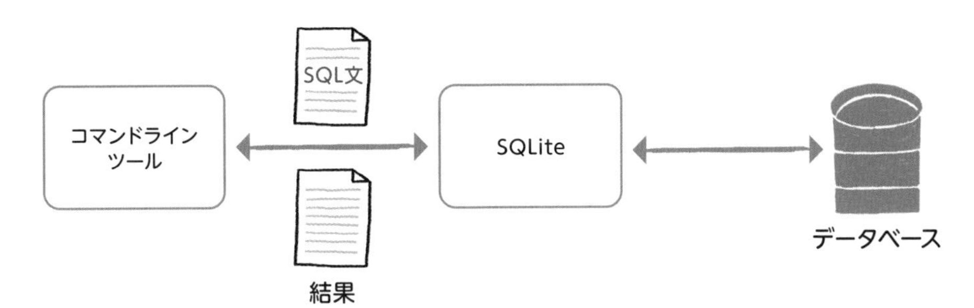

普段、インターネットと写真の整理くらいしかパソコンを使わないんだけど大丈夫かなぁ。

操作手順や、入力する内容は説明するから大丈夫。Windowsはコマンドプロンプト、macOSはターミナルっていうコマンドラインツールを使うよ。

OSによって使うコマンドラインツールが違うんだね。操作方法も違うのかな？

起動方法が少し違うけど、SQLiteを起動したあとの操作は一緒だよ。

Windowsでコマンドプロンプトを起動する

検索ボックスに❶「cmd」と入力して、表示された「コマンドプロンプト」の❷［開く］をクリックします。

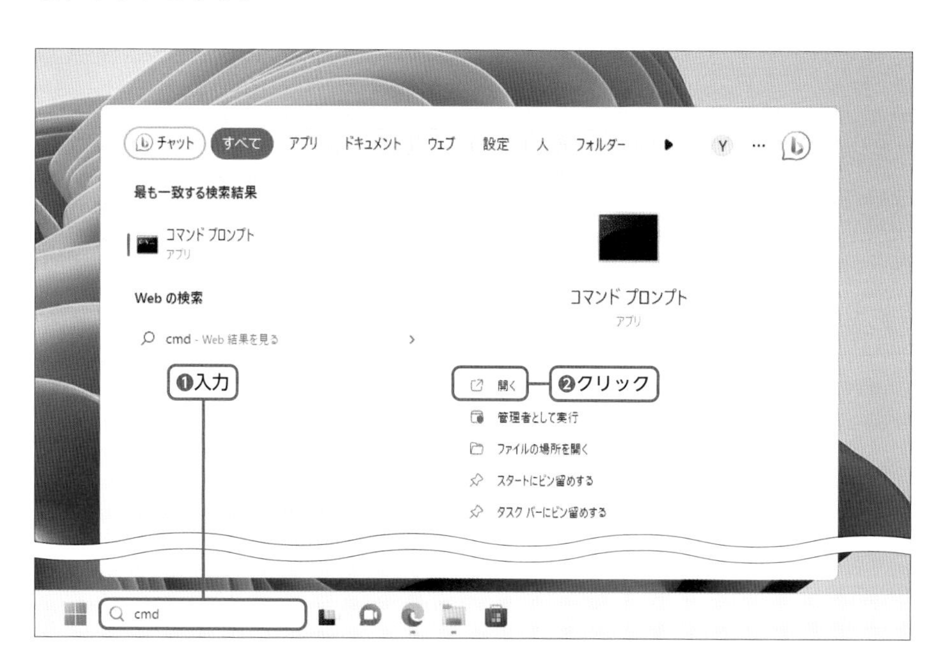

コマンドプロンプトが起動します。コマンドプロンプトの「>」より左側は、作業対象のフォルダのパス（場所）を表しています。「>」はプロンプトと呼ばれる記号で、このあとに命令を入力できます。

macOSでターミナルを起動する

① Launchpadを開きます

Dockから❶［Launchpad］をクリックします。

② ターミナルを開きます

画面上部にある❶入力欄に「ターミナル」と入力すると、ターミナルのアイコンが表示されるので、❷アイコンをクリックします。

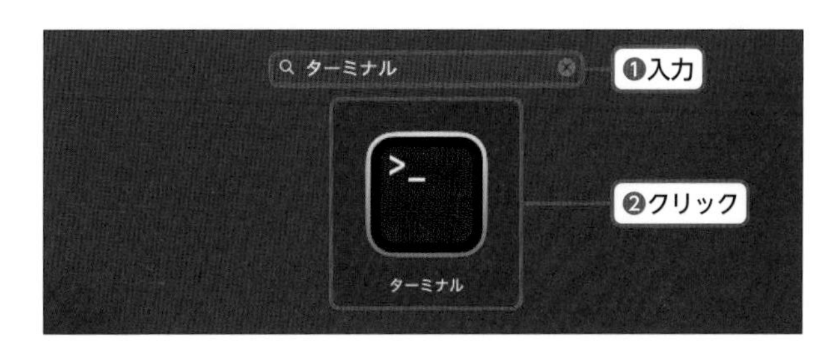

ターミナルの「%」より左側は、作業対象のフォルダのパス（場所）を表しています。「%」はプロンプトと呼ばれる記号で、このあとに命令を入力できます。なお、環境によっては「%」ではなく「$」が表示されます。

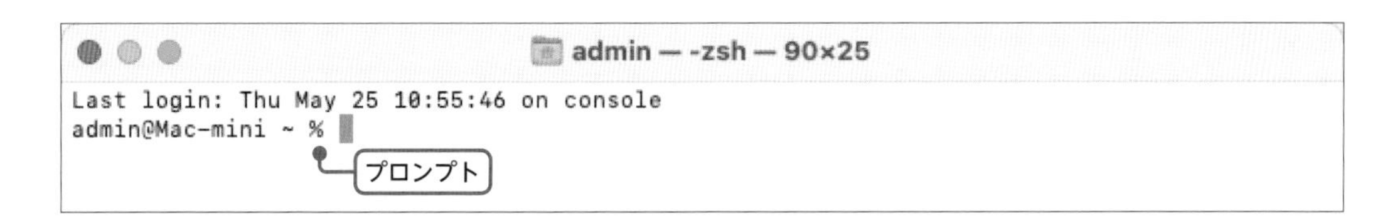

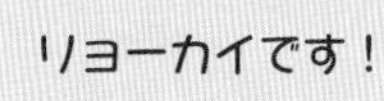

ここからは、WindowsもmacOSも同じ操作の流れだよ。

リョーカイです！

作業対象のフォルダを変更しよう

コマンドプロンプト（もしくはターミナル）で、作業対象となっているフォルダのことをカレントディレクトリといいます。作業用の「sql1nen」フォルダをカレントディレクトリにするため、次の命令（コマンド）を実行します。

書式：コマンドプロンプトのカレントディレクトリを変更する

```
cd フォルダのパス
```

「cd」は「change directory（チェンジ ディレクトリ）」の略で、カレントディレクトリを変更するための命令です。開きたいフォルダのパスは、次の方法で取得できます。

1-1 Windowsでフォルダのパスを取得します

カレントディレクトリにしたい「sql1nen」フォルダをエクスプローラーで表示します。エクスプローラーの❶アドレスバーをクリックし、❷Ctrl+Cキーを押してフォルダのパスをコピーします。

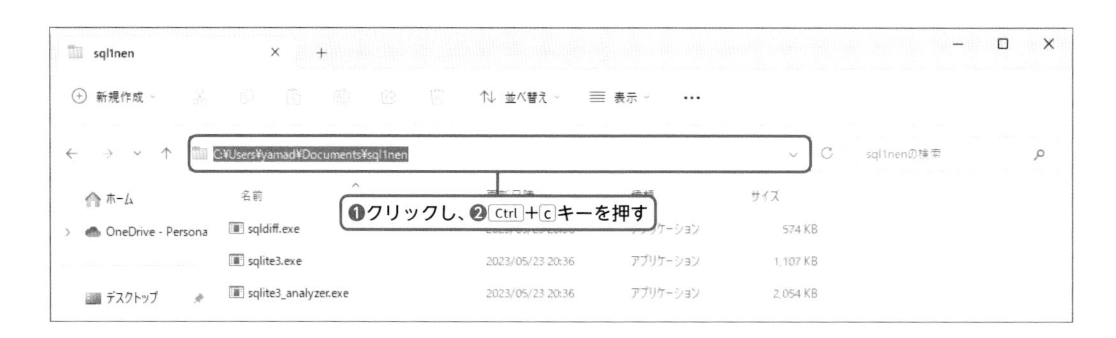

①-2 macOSでフォルダのパスを取得します

カレントディレクトリにしたい「sql1nen」フォルダをFinderで表示します。フォルダを control キーを押しながらクリックします。メニューが表示されている状態で option を押すとメニューの表示が変わるので、["sql1nen"のパス名をコピー] をクリックします。

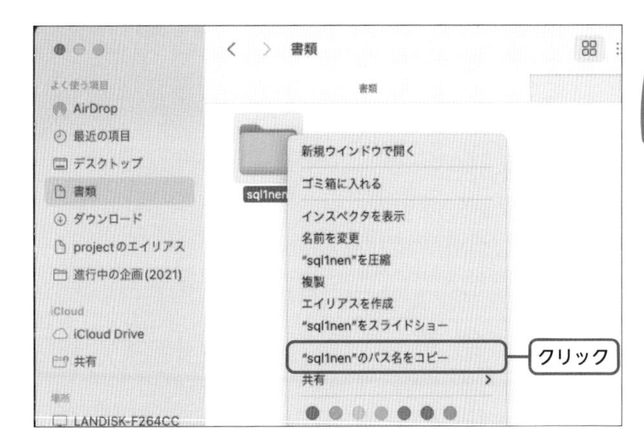

② cdコマンドで作業用のフォルダを開きます

作業用フォルダのパスを取得したら、cdコマンドを実行しましょう。❶cdのあとに半角スペースを入れ、 Ctrl + V キー（macOSの場合は command + V キー）で、取得したパスを貼り付けます。入力したあとは、 Enter キー（macOSの場合は return キー）を押します。

cdコマンドを実行すると、指定した「sql1nen」フォルダが開かれた状態になります。

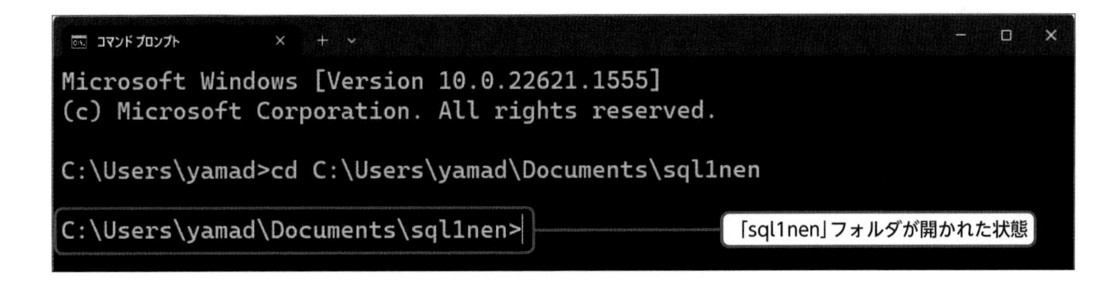

SQLiteを起動しよう

SQLiteの起動方法は、WindowsもmacOSも同じです。作業用の「sql1nen」フォルダがカレントディレクトリになっている状態で、次のコマンドを入力するとSQLiteが起動します。

書式：SQLite を起動する

```
sqlite3 開きたいデータベース名
```

開きたいデータベースのファイルが存在しない場合は、新しいファイルとして作成されます。ここでは❶「sample.db」という名前のデータベースのファイルを作成することにしましょう。入力したあとはEnterキー（macOSの場合はreturnキー）を押してコマンドを実行します。

【入力コマンド】SQLite を起動する

```
sqlite3 sample.db
```

出力結果

```
C:\Users\yamad>cd C:\Users\yamad\Documents\sql1nen

C:\Users\yamad\Documents\sql1nen>sqlite3 sample.db
SQLite version 3.41.2 2023-03-22 11:56:21
Enter ".help" for usage hints.
sqlite>
```

❶入力

SQLiteが起動した状態

プロンプトの左側が「sqlite」に変わったよ。

SQLiteが起動した証拠だね。ちなみに、SQLiteが起動しただけで「sample.db」は作成されていないんだ。テーブルの作成や何らかの操作を行うとファイルが保存されるよ。

データベースにテーブルを作ろう

次の章でSQLについて学ぶためのデータベースを準備しましょう。

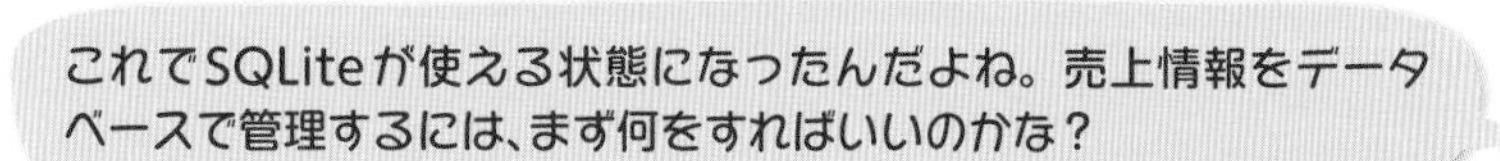

これでSQLiteが使える状態になったんだよね。売上情報をデータベースで管理するには、まず何をすればいいのかな？

データベースでデータを管理するためには、テーブルを作って、テーブルにデータを入れる必要があるんだ。テーブルを作ったり、データを入れたりするには、SQL文を使うよ。

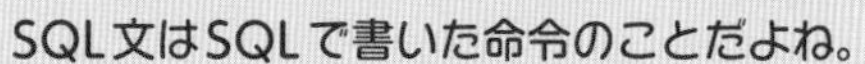

SQL文はSQLで書いた命令のことだよね。

そのとおり！　だけどテーブルを作ったり、データを入れたりするSQL文をいきなり作るのは少し難易度が高いかもしれないね。

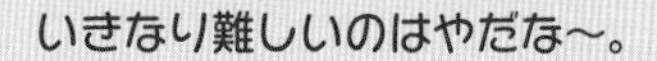

いきなり難しいのはやだな～。

ひとまず、ここは先生が考えたSQL文をそのまま実行して、テーブルを作って、データを入れよう。ある程度SQLに慣れたあと、あらためて説明するよ。

データベースにデータを入れよう

SQLiteはテキストファイルから読み込んだSQL文やコマンドを実行することができます。翔泳社のダウンロードサイトからダウンロードしたサンプルファイルを使って、テーブルを作り、データを入れましょう。

P.10にサンプルファイルのダウンロードURLを掲載しているので、取得したサンプルファイルの中から「chap1_sales.sql」を作業用の「sql1nen」フォルダにコピーしてください。

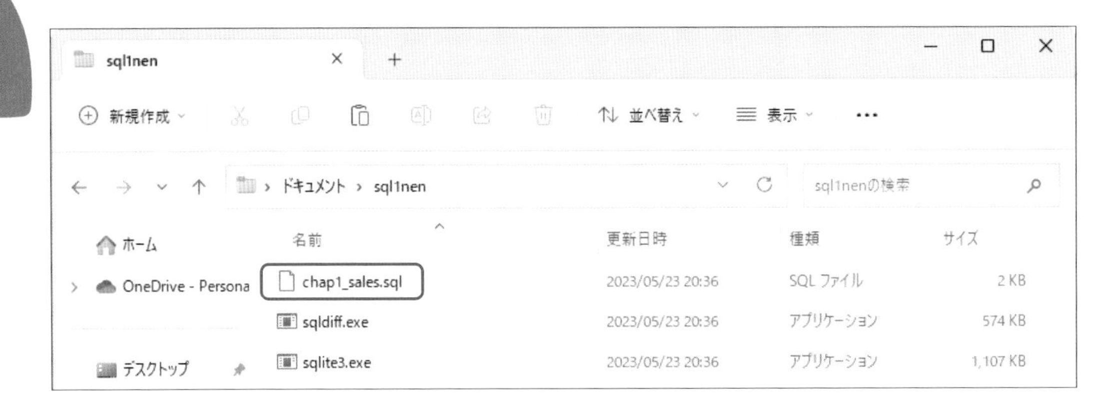

テキストファイルの読み込みには.readコマンドを使います。コマンドのあとは半角スペースをあけて、ファイル名を書きます。ファイルを読み込むと、記述されたSQL文やコマンドが実行されます。

書式：ファイルを読み込む

```
.read ファイル名
```

それではコマンドを実行してみましょう。入力したあとは Enter キー（macOSの場合は return キー）を押して実行します。

【入力コマンド】ファイルを読み込み、記述された SQL 文を実行する

```
.read chap1_sales.sql
```

出力結果

```
sqlite> .read chap1_sales.sql
sqlite> 
```

あれ？ 何も表示されないよ？

テーブルとデータの作成に成功した場合は、何も表示されず次のプロンプトが表示されるんだ。salesという名前のテーブルが作られているはずだから、次のコマンドで確認してみよう。

【入力コマンド】テーブルの一覧を表示

```
.tables
```

出力結果

```
sqlite> .read chap1_sales.sql
sqlite> .tables
sales
sqlite> |
```

salesって表示された！

「.tables」でデータベースに作られたテーブルの一覧を表示できるんだ。ちゃんとsalesテーブルが作れたようだね。テーブルを作ったことで、「sql1nen」フォルダに「sample.db」が作成されるよ。

入れたデータはどうやって確認すればいいの？

データの確認はSELECT文というSQL文を実行するんだ。SELECT文については、2章でじっくり勉強していこう。

SQLiteを終了する

　コマンドプロンプトやターミナルを終了するとSQLiteも終了しますが、SQL文の実行中に終了させるとデータベースのファイルが破損する恐れがあります。安全にSQLiteを終了するためには、.exitコマンドを使って終了させます。

【入力コマンド】SQLite を終了する

```
.exit
```

　実際に「.exit」を実行してみましょう。

出力結果

```
sqlite> .exit

C:\Users\yamad\Documents\sql1nen>
```

SQLiteが終了すると、プロンプトの左側が「sqlite」からカレントディレクトリに表示が変わるよ。

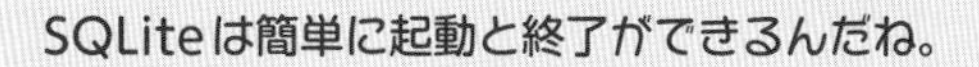

SQLiteは簡単に起動と終了ができるんだね。

ほかのRDBMSだと起動や終了をするのに時間がかかる場合があるんだけど、SQLiteは手軽な操作がウリの1つだよ。次の章からは、コマンドプロントやターミナルに直接SQL文を入力しながら学んでいこう！

はーい。

MEMO

SQL文とコマンドの違い

「.（ドット）」ではじまる命令は、SQLite独自の設定に関する操作を行うもので、SQL文ではありません。またOracle DatabaseやMySQLなど、別のRDBMSでは使用できません。逆にOracle DatabaseやMySQLなどにも独自のコマンドがあります。本書で学習したあとに別のRDBMSを使うときは、使用するRDBMSのコマンドを確認してください。

第2章
データを
取り出してみよう
データベースから
データを取り出す方法を
紹介するよ！
おおー！
いろんな方法を
知りたいなー
OPEN

データベースの
しくみはわかった？
うん。

よし。それじゃあ、
データベースから
データを取り出してみようか。

そんなことが
できるの？
うん。
SELECT文というものを使い、
データを取り出すんだ。
取り出し方にも
いろいろな方法があるよ。

おおーべんり。

好きな条件をつけて
取り出すこともできる。
ほよー。

それじゃ、
見ていこう。
りょーかいです。

この章でやること

SQL文でデータを
取り出そう。

取り出したい
データによって
書き方が変わるよ。

SQL文を作る

SQL文

SQL文を実行してデータを取り出す

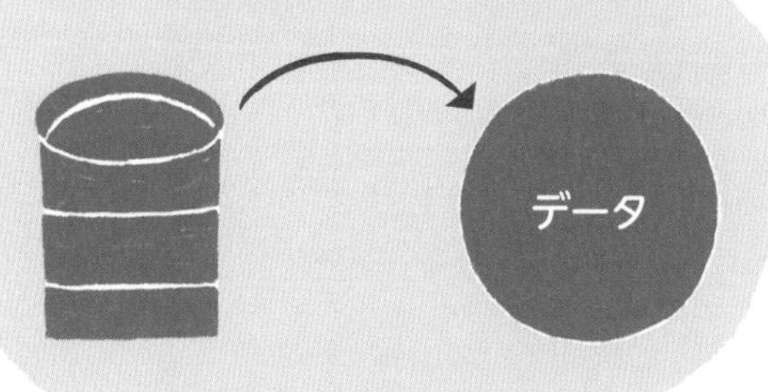
データ

取り出せた！

Intro
duction

作ったデータベースの内容を確認しよう

1章で作ったデータベースの内容を確認してみよう。

作ったデータベースの内容を確認しよう

さっき作ったデータベースには、どんなデータが入っているの？

エリちゃんに見せてもらったお店の売上情報のメモを表形式に整理したものだよ。

日付：2023年4月10日
商品：リンゴ
個数：3個
代金：360円
購入者：ウサ田さん

あ～これね！　いつ、何が、何個、いくらで、誰に売れたかっていうのをメモで記録しているの。

メモにわかりやすく書いてあったから表にしやすかったよ。salesと名前を付けたテーブルに、次のような形でデータを入れたんだ。

sales テーブル

date	item_name	item_count	price	customer
2023-04-10	リンゴ	3	360	ウサ田
2023-04-10	ブドウ	1	500	クマ井
2023-04-10	バナナ	2	400	サル橋
2023-04-11	リンゴ	5	600	サル橋
2023-04-12	イチゴ	2	800	イヌ山
2023-04-12	バナナ	3	600	サル橋
2023-04-13	バナナ	2	400	ウサ田
2023-04-14	イチゴ	2	800	ネコ村

あんまり英語は得意じゃないんだけど、テーブルの名前や見出しは日本語にしちゃいけないの？

RDBMSの種類によっては日本語の名前も付けられるんだけど、どんなRDBMSでも使えるSQL文を作れるように英語の名前を付けたほうがいいよ。ちなみに、データベースではカラムに付ける名前はカラム名というよ。

そっかー、それなら仕方ないね。

カラム名はそれぞれ「date」が日付、「item_name」が商品の名前、「item_count」が商品の個数、「price」が代金、「customer」が顧客（お客様）という意味なんだ。入れるデータがわかりやすい名前を付けよう。

LESSON 06

SELECT文を使ってみよう

ここからデータベースに入れたデータを取り出してみましょう。取り出しにはどのようなSQL文を作ればいいのかを学びましょう。

さっそくデータベースで一番多い操作であるデータの取り出しからやってみよう。

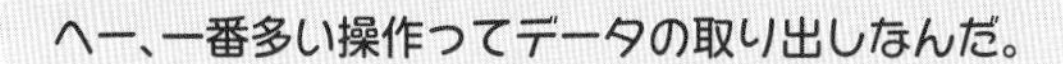

へー、一番多い操作ってデータの取り出しなんだ。

そうだよ。例えば、ショッピングサイトで商品の一覧を表示したり、商品の詳細情報を表示したりするときには、データベースから取り出したデータを表示しているんだ。エリちゃんも商品を探すときに、さまざまな商品を見ているんじゃないかな。

うん！　かわいいお洋服を探すのにあっちこっち見ているけど、そのたびにデータを取り出しているんだったら、一番多い操作なのも納得！

SELECT文でデータを取り出してみよう

それではもっとも基本的なSQL文を作ってみましょう。データベースからデータを取り出すには、SELECT文を使います。

書式：SELECT 文

```
SELECT * FROM テーブル名;
```

「*(アスタリスク)」は指定するテーブルからすべてのカラムを取り出すことを指定し、「FROM」のあとに操作するテーブル名を書きます。また、SQL文の終わりには「;(セミコロン)」を付ける決まりがあります。付け忘れるとエラーになるので気を付けてください。

まずは操作するデータベースに「sample.db」を指定して、SQLiteを起動させましょう。

【入力コマンド】SQLite を起動する

```
sqlite3 sample.db
```

SQLiteが起動したら、次のSQL文を入力し、実行するとsalesテーブルからデータを取り出せます。SQL文を最後まで入力したあと、Enterキー(macOSの場合はreturnキー)を押してSQL文を実行しましょう。

chap2-1.sql

```
SELECT * FROM sales;
```

出力結果

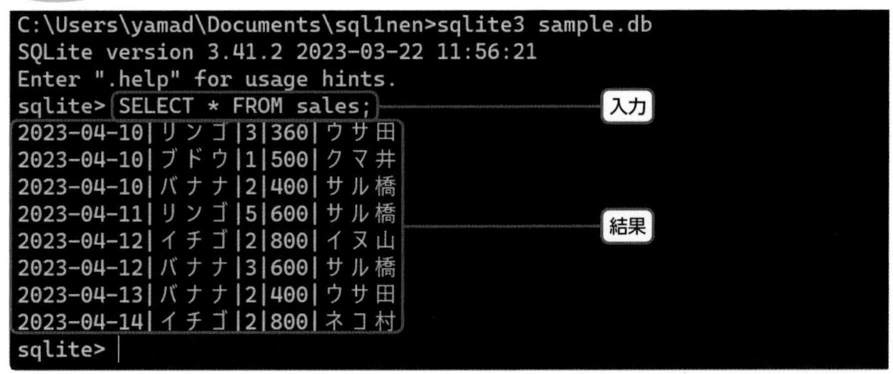

わーい！　データを取り出せた！

おっと、SQL文の実行は成功したけど、カラム名を表示するための命令を実行し忘れてたよ。

もう忘れないでよ〜。

ごめんごめん。設定を変えてからもう一度データを取り出してみよう。

出力結果の表示形式を変更しよう

データの取り出し結果を見やすくするために、ヘッダーを表示してカラム名を表示するようにしましょう。

また表示モードというものを指定することで、表示結果を整列させることもできます。

書式：ヘッダーを表示する

```
.header on
```

書式：表示モードをカラムにする

```
.mode column
```

結果の表示形式を変更するコマンドを実行したあと、もう一度SELECT文を実行してみましょう。

chap2-2.sql

```
.header on
.mode column
SELECT * FROM sales;
```

出力結果

```
sqlite> .header on
sqlite> .mode column
sqlite> SELECT * FROM sales;
date        item_name  item_count  price  customer
----------  ---------  ----------  -----  --------
2023-04-10  リンゴ         3         360     ウサ田
2023-04-10  ブドウ         1         500     クマ井
2023-04-10  バナナ         2         400     サル橋
2023-04-11  リンゴ         5         600     サル橋
2023-04-12  イチゴ         2         800     イヌ山
2023-04-12  バナナ         3         600     サル橋
2023-04-13  バナナ         2         400     ウサ田
2023-04-14  イチゴ         2         800     ネコ村
sqlite>
```

さっきより見やすくなったね！　でもちょっとだけカラム名とデータの位置がズレてる気がする。

columnモードで取り出したデータを表示するとき、全角のひらがなや漢字が混ざっていると、表示が少しズレてしまう問題があるんだ。

そうなんだ。まぁそれでも最初のより見やすいからいいかな。

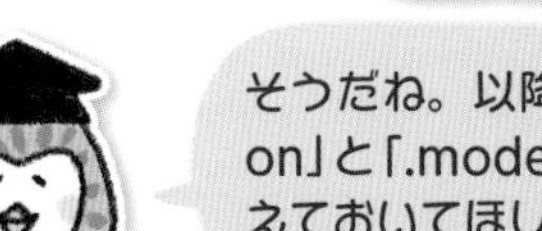
そうだね。以降はこの形式で結果を表示させよう。あと「.header on」と「.mode column」の設定変更は、保存されないってことも覚えておいてほしい。

どういうこと？

「.exit」でSQLiteを終了させて次に起動したときは、P.43と同じ表示形式に戻ってしまうんだ。だから、終了して実行し直したときは、あらためて「.header on」と「.mode column」を実行しよう。

オッケー！

指定したカラムのデータを取り出そう

「SELECT」のあとに「*」を入れた場合は、対象のテーブルからすべてのカラムのデータを取り出します。特定のカラムのデータだけを取り出したい場合は、「SELECT」のあとにカラム名を入れます。

書式：テーブルから指定したカラムのデータを取り出す

```
SELECT カラム名 FROM テーブル名;
```

データベースのフィールドに入る個々のデータは値（あたい）と表現します。salesテーブルから、customerカラムの値を取り出してみましょう。

chap2-3.sql

```
SELECT customer FROM sales;
```

出力結果

```
customer
--------
ウサ田
クマ井
サル橋
サル橋
イヌ山
サル橋
ウサ田
ネコ村
```

sales テーブル

date	item_name	item_count	price	customer
2023-04-10	リンゴ	3	360	ウサ田
2023-04-10	ブドウ	1	500	クマ井
2023-04-10	バナナ	2	400	サル橋
2023-04-11	リンゴ	5	600	サル橋
2023-04-12	イチゴ	2	800	イヌ山
2023-04-12	バナナ	3	600	サル橋
2023-04-13	バナナ	2	400	ウサ田
2023-04-14	イチゴ	2	800	ネコ村

ここだけ取り出しているよ。

う〜ん、同じ名前が表示されてて、なんだか違和感があるなぁ。

重複を取り除くこともできるから試してみよう。

重複した値を取り除く

SELECT文でカラム名の前にDISTINCT（ディスティンクト）キーワードを入れると重複した値を取り除けます。

書式：テーブルから重複した値を取り除く

```
SELECT DISTINCT カラム名 FROM テーブル名;
```

chap2-4.sql

```
SELECT DISTINCT customer FROM sales;
```

出力結果

```
customer
--------
ウサ田
クマ井
サル橋
イヌ山
ネコ村
```

同じ名前が表示されなくなってスッキリ！

指定した複数カラムのデータを取り出そう

2つのカラムのデータを取り出したいときは、指定するカラム名を変えて2回実行すればいいのかな。

そういうやり方もできるけど、1つのSQL文で複数のカラムを指定して、データを取り出せるよ。

SELECTのあとに指定するカラム名は、「,（カンマ）」で区切ることで複数指定でき、指定した順番にデータを取り出せます。

書式：テーブルから複数指定したカラムのデータを取り出す

```
SELECT カラム名1, カラム名2, ... FROM テーブル名;
```

salesテーブルから、dateカラム、item_nameカラム、item_countカラムのデータを取り出してみましょう。

chap2-5.sql

```
SELECT date, item_name, item_count FROM sales;
```

出力結果

```
date        item_name  item_count
----------  ---------  ----------
2023-04-10  リンゴ        3
2023-04-10  ブドウ        1
2023-04-10  バナナ        2
2023-04-11  リンゴ        5
2023-04-12  イチゴ        2
2023-04-12  バナナ        3
2023-04-13  バナナ        2
2023-04-14  イチゴ        2
```

sales テーブル

date	item_name	item_count	price	customer
2023-04-10	リンゴ	3	360	ウサ田
2023-04-10	ブドウ	1	500	クマ井
2023-04-10	バナナ	2	400	サル橋
2023-04-11	リンゴ	5	600	サル橋
2023-04-12	イチゴ	2	800	イヌ山
2023-04-12	バナナ	3	600	サル橋
2023-04-13	バナナ	2	400	ウサ田
2023-04-14	イチゴ	2	800	ネコ村

salesテーブルはカラムが５つだけだけど、カラム数が多いテーブルで全カラムのデータを取り出すと、目的のデータを探すのが大変なんだ。だから、取り出したいデータが決まっている場合は、カラム名は指定したほうが結果が見やすくなるよ。

たしかに、商品が売れた日時と個数だけを知りたいときは、お客さんの名前はないほうが確認しやすいね。

文と句

SELECT文の使い方がわかったところで、「句」について確認しておこう。

句って俳句の句？

そうそう。「句」には「文中の言葉のひと区切り」という意味があって、SQL文は複数の「句」をつなげて１つの「文」を表現しているんだ。

SELECT文

SELECT date, item_name, item_count FROM sales;

SELECT句　FROM句

P.48のSQL文はこんな感じで、SELECT句とFROM句に分かれていて、あわせて1つの文になっているよ。「句」自体が個々の命令になっていて、「salesテーブルから」「date、item_name、item_countのデータを取り出せ（選べ）」という意味なんだ。

俳句は5・7・5で3つの句ってことね。SQL文の句は2つだけなの？

そうだな～。複雑なSQL文だと十数句に分かれる場合もあるけど、この本で説明するSQL文だと3～8句くらいかな。

8句くらいならなんとか覚えられそう。

SQL文は途中で改行できる

SQL文は「;」が入力されるまで、Enterキー（macOSの場合はreturnキー）を押しても改行されるだけで実行はされません。そのため、次のようにSQL文の途中で改行を入れることも可能です。ただし、SELECTやFROMなどのキーワード、カラム名などを途中で改行した状態で実行するとエラーになります。

```
sqlite> SELECT date, item_name, item_count
   ...> FROM sales;
```

実行するとエラーになる

```
sqlite> SELECT date, item_name, item_
   ...> count FROM sales;
```

取り出した結果をわかりやすくしよう

取り出したデータの見出しには、カラム名が表示されますが、一時的に別の名前を付けられます。試しに、別名を付けてみましょう。

どうしたんだいエリちゃん？

うちのお父さんとお母さんは英語が苦手なんだよね。このままデータを見せても大丈夫かちょっと心配だなぁ。

それならASキーワードを使って別名を付けて表示させてみよう。英語で付けたカラム名を日本語にして表示できるよ。

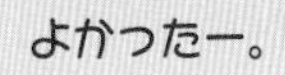

ASキーワードで別名を付けよう

実行結果のヘッダー部分に表示されるカラム名などの情報は、ASキーワードを使うことで一時的に別の名前を付けられます。SELECT文で別名を付けたいカラム名のあとに「AS」と別名を書きます。

書式：見出しに別名を付ける

```
SELECT カラム名 AS 別名 FROM テーブル名;
```

それではitem_nameカラムに「商品名」という別名を付けて、SELECT文を実行してみましょう。

chap2-6.sql

```
SELECT item_name AS 商品名 FROM sales;
```

出力結果

```
商品名
---
リンゴ
ブドウ
バナナ
リンゴ
イチゴ
バナナ
バナナ
イチゴ
```

これなら英語が苦手なお母さんとお父さんに見せても安心だ。

ASキーワードで付けた別名は、エイリアス(alias)とも呼ばれていて、「エイリアスを付ける」って表現することもあるよ。

なんだカッコイイ響きだね！　もしかして、複数のカラムにエイリアスを付けられるのかな？

もちろんだとも。次のSELECT文で試してみよう。

chap2-7.sql

```
SELECT item_name AS 商品名, item_count AS 個数 FROM sales;
```

出力結果

```
商品名　個数
---  --
リンゴ　3
ブドウ　1
バナナ　2
リンゴ　5
イチゴ　2
バナナ　3
バナナ　2
イチゴ　2
```


item_nameカラムが「商品名」で、item_countカラムが「個数」ってエイリアスだね。

MEMO

別名に記号を使う場合

記号を使用したエイリアスを付けたい場合は、エイリアスを「"（ダブルクォーテーション）で囲みましょう。例えば、次のように「<」「>」を使ったエイリアスは、「"」で囲まないとエラーになりSQLの実行に失敗します。

chap2-8.sql

```
SELECT item_name AS "<商品名>" FROM sales;
```

出力結果

```
<商品名>
-----
リンゴ
ブドウ
バナナ
リンゴ
イチゴ
バナナ
バナナ
イチゴ
```

LESSON 08

条件を付けてデータを取り出そう

SELECT 文で取り出すデータは、条件を付けて絞り込むことができます。条件を付けてデータを取り出してみましょう。

ねぇ先生ちょっとワガママなこといってもいいかな？

どうしたんだい？

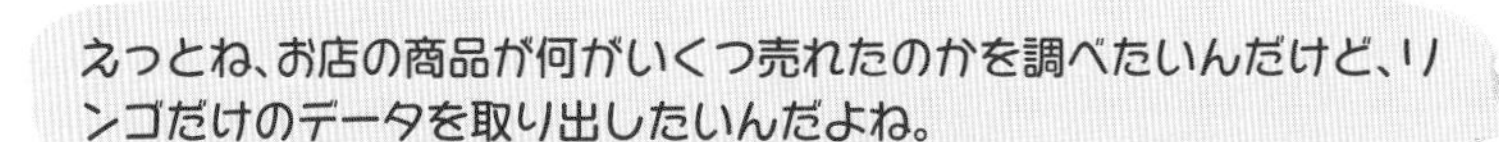
えっとね、お店の商品が何がいくつ売れたのかを調べたいんだけど、リンゴだけのデータを取り出したいんだよね。

なんだそんなことか。もちろんできるよ。

やっぱ無理だよねぇ……って、できちゃうの？

できちゃうとも。むしろそれこそデータベースの本領発揮って感じだね。

ほぇ～。

WHERE句を使ってみよう

取り出すデータに条件を指定する場合は、FROM句のあとに続けてWHERE（ウェアー）句で条件を指定します。

書式：条件を指定してデータを取り出す

```
SELECT * FROM テーブル名 WHERE 条件式;
```

次のSELECT文は、salesテーブルからitem_nameカラムに入っている値が「リンゴ」のデータを取り出します。条件式に使う値が文字列の場合は、「'（シングルクォーテーション）」で囲みます。

chap2-9.sql

```
SELECT * FROM sales WHERE item_name = 'リンゴ';
```

出力結果

```
date        item_name  item_count  price  customer
----------  ---------  ----------  -----  --------
2023-04-10  リンゴ          3        360    ウサ田
2023-04-11  リンゴ          5        600    サル橋
```

すごーい！　本当にできちゃった！

「item_name = 'リンゴ'」で「item_nameカラムの値がリンゴと同じ」という条件を表しているんだ。これによりsalesテーブルから該当するデータを取り出すよ。

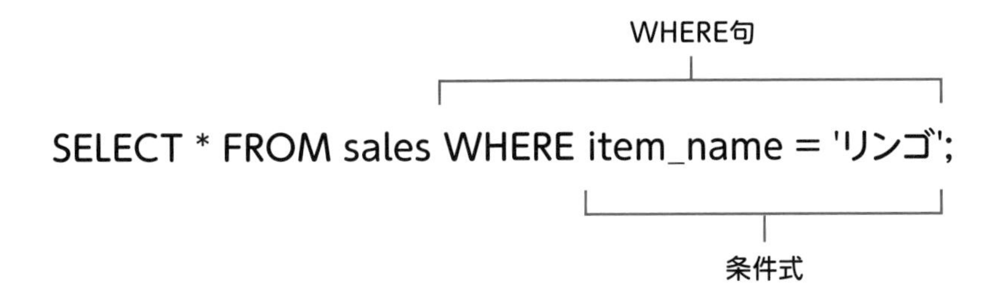
WHERE句
SELECT * FROM sales WHERE item_name = 'リンゴ';
条件式

sales テーブル

date	item_name	item_count	price	customer
2023-04-10	リンゴ	3	360	ウサ田
2023-04-10	ブドウ	1	500	クマ井
2023-04-10	バナナ	2	400	サル橋
2023-04-11	リンゴ	5	600	サル橋
2023-04-12	イチゴ	2	800	イヌ山
2023-04-12	バナナ	3	600	サル橋
2023-04-13	バナナ	2	400	ウサ田
2023-04-14	イチゴ	2	800	ネコ村

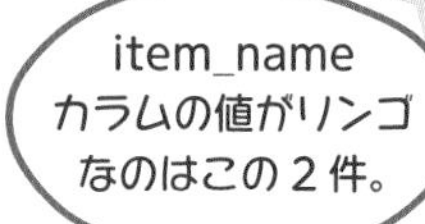

item_name
カラムの値がリンゴ
なのはこの２件。

データ量が多いデータベースの場合、条件を付けてデータを取り出すのが一般的だよ。条件式の作り方をしっかりと押さえておこう。

さまざまな比較演算子を使ってみよう

P.55の条件式「item_name = 'リンゴ'」で使っている「=（イコール）」は比較演算子と呼ばれる記号です。比較演算子は演算子の左右にある値を比較する働きがあります。比較演算子はさまざまな種類があり、作りたい条件にあわせて使います。

比較演算子

記号	意味
=	右辺と左辺が同じ
<	左辺が右辺より小さい
>	左辺が右辺より大きい
<=	左辺が右辺以下
>=	左辺が右辺以上
<>	左辺と右辺が違う

いろんな比較演算子を使って、SQL文を実行してみよう。

chap2-10.sql

```
SELECT * FROM sales WHERE item_count > 2;
```

出力結果

```
date        item_name  item_count  price  customer
----------  ---------  ----------  -----  --------
2023-04-10  リンゴ         3          360    ウサ田
2023-04-11  リンゴ         5          600    サル橋
2023-04-12  バナナ         3          600    サル橋
```

LESSON 08

「item_count > 2」の「>」は左辺が右辺より大きいって意味だから、item_countカラムの値が2の場合は含まれないのね。

数が大きいか小さいかで条件式を作るとき、条件式の数を含めない場合は「>」もしくは「<」、数を含める場合は「>=」もしくは「<=」を使うと覚えておこう。

item_countカラムの値が2より大きい
(2は含まれない)

item_count > 2

item_countカラムの値は2以上
(2が含まれる)

item_count >= 2

item_countカラムの値が2より小さい
(2は含まれない)

item_count < 2

item_countカラムの値は2以下
(2が含まれる)

item_count <= 2

「<>」を使ったSQL文も試してみたいな。

それならP.55の条件式とは逆に、「item_nameカラムの値がリンゴと違う」という条件式に変えてみよう。

chap2-11.sql

```
SELECT * FROM sales WHERE item_name <> 'リンゴ';
```

出力結果

```
date        item_name  item_count  price  customer
----------  ---------  ----------  -----  --------
2023-04-10  ブドウ       1            500    クマ井
2023-04-10  バナナ       2            400    サル橋
2023-04-12  イチゴ       2            800    イヌ山
2023-04-12  バナナ       3            600    サル橋
2023-04-13  バナナ       2            400    ウサ田
2023-04-14  イチゴ       2            800    ネコ村
```

item_nameカラムの値が「リンゴ以外のデータ」が取り出されたね。

日付データを条件式に使ってみよう

日付が決められた形式でテーブルに入っている場合、比較演算子で指定した期間のデータを取り出すことができます。そのため、salesテーブルのdateカラムの値は、4桁の西暦、2桁の月、2桁の日を「-（ハイフン）」で区切った形式で表現しています。

なお、この形式は「yyyy-mm-dd」と表すことができます。yがyear（年）、mがmonth（月）、dがday（日）を表しています。

yyyy　mm　dd
2023 − 04 − 14

2023年4月11日以降のデータを取り出すSQL文を実行してみましょう。

chap2-12.sql

```
SELECT * FROM sales WHERE date >= '2023-04-11';
```

出力結果

```
date        item_name  item_count  price  customer
----------  ---------  ----------  -----  --------
2023-04-11  リンゴ          5        600    サル橋
2023-04-12  イチゴ          2        800    イヌ山
2023-04-12  バナナ          3        600    サル橋
2023-04-13  バナナ          2        400    ウサ田
2023-04-14  イチゴ          2        800    ネコ村
```


date >= '2023-04-11'

dateカラムの値が'2023-04-11'以上

2023-04-10

2023年4月11日以降

2023-04-11
2023-04-12
2023-04-13
2023-04-14

条件式が「date >= '2023-04-11'」だから……2023年4月11日以降ってことね。

うんうん。もう1つ「XX日よりあと」という条件式のSQL文も試してみよう。

chap2-13.sql

```
SELECT * FROM sales WHERE date > '2023-04-11';
```

出力結果

```
date        item_name  item_count  price  customer
----------  ---------  ----------  -----  --------
2023-04-12  イチゴ        2          800    イヌ山
2023-04-12  バナナ        3          600    サル橋
2023-04-13  バナナ        2          400    ウサ田
2023-04-14  イチゴ        2          800    ネコ村
```

date　>　'2023-04-11'

dateカラムの値が'2023-04-11'より大きい

2023-04-10
2023-04-11

2023年4月11日よりあと
2023-04-12
2023-04-13
2023-04-14

こっちは2023年4月11日よりあとのデータが取り出せているね。

数を使った条件式と同じで、条件式で使う日付を含めるか、含めないのかで使う比較演算子が異なるから、使い分けを意識しよう。

LESSON

09

複数の条件を組み合わせてみよう

WHERE句の条件式は、論理演算子を使うことで複数の条件式を組み合わせられます。

例えばだけど、先生が今までにイチゴを買いに来た日を調べたいときは、どういう条件を作ればいいと思う？

customerカラムの値がフクロウ先生っていう条件で取り出して、そこからitem_nameカラムの値がイチゴの日をチェックすればわかるよ。

実はね、論理演算子っていうのを使うと、複数の条件を組み合わせた条件式を作れるんだ。

そうなの!?

論理演算子は「AND」「OR」「NOT」の3種類あるから、それぞれの使い方を見てみよう。

AND演算子を使ってみよう

ANDは「かつ」という意味があり、ANDの左右にある条件式をどちらも満たすデータを取り出せます。

書式：AND演算子を使った条件式

```
WHERE 条件式1 AND 条件式2
```

次のAND演算子を使ったSQL文を実行してみましょう。

chap2-14.sql

```
SELECT * FROM sales
WHERE customer = 'サル橋' AND item_name = 'バナナ';
```

出力結果

```
date        item_name  item_count  price  customer
----------  ---------  ----------  -----  --------
2023-04-10  バナナ        2          400    サル橋
2023-04-12  バナナ        3          600    サル橋
```

すごい！　サル橋さんがバナナを買った情報だけが取り出せてる！

今のsalesテーブルはデータの件数が少ないけど、何百、何千とデータがある場合、論理演算子を使った条件の絞り込みは必須なんだ。マスターしておくと、よりデータの取り出しが楽になるよ。

customer = 'サル橋' AND item_name = 'バナナ'

customerカラムの値が'サル橋'と同じ　かつ　item_nameカラムの値が'バナナ'と同じ

OR演算子を使ってみよう

ORは「もしくは」という意味があり、OR演算子の左右にある条件式のどちらかを満たすデータを取り出せます。

書式：OR 演算子を使った条件式

```
WHERE 条件式1 OR 条件式2
```


次のOR演算子を使ったSQL文を実行してみましょう。

chap2-15.sql

```
SELECT * FROM sales
WHERE item_name = 'リンゴ' OR item_name = 'ブドウ';
```

出力結果

```
date        item_name  item_count  price  customer
----------  ---------  ----------  -----  --------
2023-04-10  リンゴ        3          360    ウサ田
2023-04-10  ブドウ        1          500    クマ井
2023-04-11  リンゴ        5          600    サル橋
```

今度は、item_nameカラムの値が、「リンゴ」もしくは「ブドウ」のデータを取り出しているよ。

item_name	=	'リンゴ'	OR	item_name	=	'ブドウ'

item_nameカラムの値が'リンゴ'と同じ　もしくは　item_nameカラムの値が'ブドウ'と同じ

NOT演算子を使ってみよう

NOT演算子は、AND演算子やOR演算子とは少し異なる使い方をする演算子です。NOTは「ではない」という意味があり、NOT演算子の右辺にある条件式を満たさないデータを取り出せます。

書式：NOT 演算子を使った条件式

```
WHERE NOT 条件式
```

実際にNOT演算子を使ったSQL文を試してみましょう。

chap2-16.sql

```
SELECT * FROM sales WHERE NOT item_name = 'リンゴ';
```

出力結果

```
date        item_name  item_count  price  customer
----------  ---------  ----------  -----  --------
2023-04-10  ブドウ       1            500    クマ井
2023-04-10  バナナ       2            400    サル橋
2023-04-12  イチゴ       2            800    イヌ山
2023-04-12  バナナ       3            600    サル橋
2023-04-13  バナナ       2            400    ウサ田
2023-04-14  イチゴ       2            800    ネコ村
```

NOT演算子は少しややこしいかもしれないけど、右辺にある条件式を反転させる働きがあるんだ。

「item_name = 'リンゴ'」を反転させる……その逆ってことだから、同じじゃないってことか。

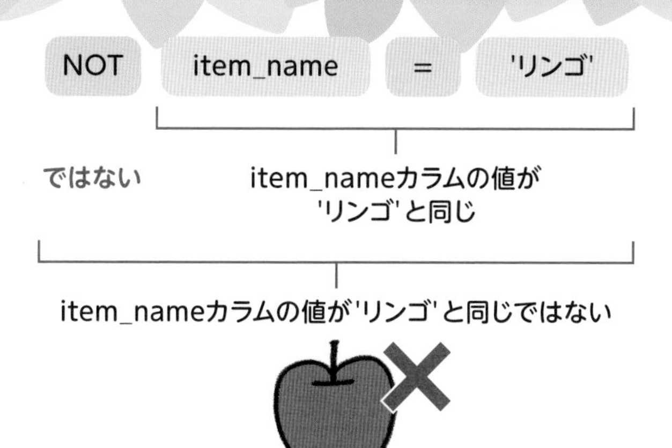

 複数の演算子を組み合わせてみよう

複数の演算子を組み合わせて複雑な条件を作ることもできます。ただし、複数の演算子を使うときは、演算子の優先順位に注意する必要があります。

通常、条件式は左から右に向かって処理を実行しますが、優先順位が異なる演算子が使用されている場合、優先順位の高い演算子から実行されます。

優先順位

次のSQL文はOR演算子とAND演算子を組み合わせた条件式です。実行して結果を確認してみましょう。

chap2-17.sql

```
SELECT * FROM sales
WHERE customer = 'サル橋' OR customer = 'ウサ田'
AND item_name = 'リンゴ';
```

出力結果

```
date        item_name  item_count  price  customer
----------  ---------  ----------  -----  --------
2023-04-10  リンゴ        3          360    ウサ田
2023-04-10  バナナ        2          400    サル橋
2023-04-11  リンゴ        5          600    サル橋
2023-04-12  バナナ        3          600    サル橋
```

ウサ田さんとサル橋さんのデータだけど、購入した商品はリンゴとバナナが混ざってるね。

OR演算子よりAND演算子のほうが優先順が高いから、AND演算子から先に処理を行っているからだよ。

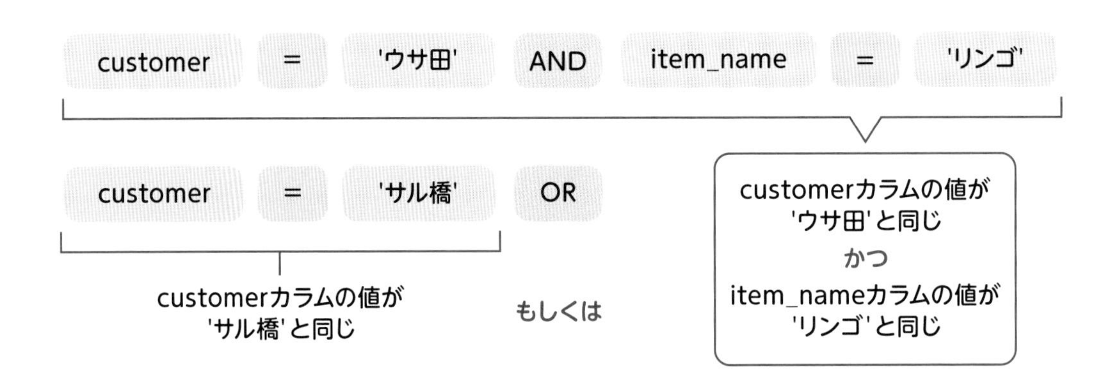

customer = 'ウサ田' AND item_name = 'リンゴ'
customer = 'サル橋' OR
customerカラムの値が'サル橋'と同じ
もしくは
customerカラムの値が'ウサ田'と同じ
かつ
item_nameカラムの値が'リンゴ'と同じ

え〜、ウサ田さんとサル橋さんがリンゴを買ったデータだけを取り出せないのかなあ。

実は演算子の優先順位はカッコを使うことで変えられるんだ。

なんですと!?

カッコを使って演算子の優先順位を変えてみよう

優先順位が低い演算子から処理を行いたい場合は、その部分をカッコで囲むことで順番を変えられます。

先ほどと同じSQL文でOR演算子が先に判定されるように、カッコで囲んで実行してみましょう。

chap2-18.sql

```
SELECT * FROM sales
WHERE (customer = 'サル橋' OR customer = 'ウサ田')
AND item_name = 'リンゴ';
```

出力結果

```
date        item_name  item_count  price  customer
----------  ---------  ----------  -----  --------
2023-04-10  リンゴ         3          360    ウサ田
2023-04-11  リンゴ         5          600    サル橋
```

わぁ、カッコで囲んだだけで結果が変わるんだ。

今度は、「customer = 'サル橋' OR customer = 'ウサ田'」をカッコで囲んだから、AND演算子よりOR演算子の判定が先に行われたんだ。

(customer = 'サル橋' OR customer = 'ウサ田') AND item_name = 'リンゴ'

customerカラムの値が'サル橋'と同じ もしくは customerカラムの値が'ウサ田'と同じ

かつ item_nameカラムの値が'リンゴ'と同じ

判定の順番が違うだけで、こんなに結果が変わるなんて……。

だからこそ、複数の条件式を組み合わせるときは、演算子の優先順位を踏まえたSQL文を作ることが大切なんだ。

MEMO

「=」と「==」

比較演算子の「=」は、右辺と左辺が同じかを判定（比較）する働きがあります。SQLiteの場合、「==」も「=」と同じ働きを持ちます。しかし、「==」が使えるのはSQLiteのみで、MySQLなどほかのRDBMSでは使用できません。ほかのRDBMSでも使えるSQLの書き方を身に付けるためにも、「==」ではなく「=」を使うようにしましょう。

「==」の使用例

```
SELECT * FROM sales WHERE item_name == 'リンゴ';
```

※実行結果はP.55のchap2-9.sqlと同じ

LESSON

10

さまざまな条件式を作ってみよう

同じ条件でも条件式は複数の書き方があります。ここではLESSON 08で学ばなかった比較演算子を使って条件式を作ってみましょう。

突然だけどここでエリちゃんにクイズです。

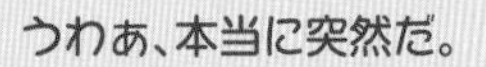

うわぁ、本当に突然だ。

「customerクラスのデータがサル橋さんもしくはウサ田さん」という条件式には、どの演算子を使えばいいでしょうか。

これは自信あるよ。データが同じかを判定するには「=」で、「もしくは」は「OR」を使います。

正解〜〜！　エリちゃんは勉強熱心だね。

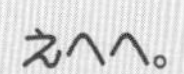

えへへ。

とはいえ、この条件式は「=」と「OR」を使わずに、別の演算子で作ることができるんだ。

なんだって!?

条件によって読みやすいSQL文の作り方が変わるから、ここまでに使ってない演算子でSQL文を作ってみよう。

IN演算子を使ってみよう

複数のデータのうちいずれかに一致するものを取り出したいときは、IN（イン）演算子を使うと便利です。WHERE句でカラム名のあとにINと続けてカッコ内に、探したいデータを「,」で区切って並べます。なお、カッコ内に入れたデータはリストと呼ばれます。

書式：リストのいずれかの値と一致する条件式

```
WHERE カラム名 IN (データ1, データ2, ...)
```

IN演算子を使って、item_nameカラムの値がリンゴ、もしくはイチゴと同じデータを取り出してみましょう。

chap2-19.sql

```
SELECT * FROM sales WHERE item_name IN('リンゴ', 'イチゴ');
```

出力結果

```
date        item_name  item_count  price  customer
----------  ---------  ----------  -----  --------
2023-04-10  リンゴ       3            360    ウサ田
2023-04-11  リンゴ       5            600    サル橋
2023-04-12  イチゴ       2            800    イヌ山
2023-04-14  イチゴ       2            800    ネコ村
```

item_name　IN　('リンゴ', 'イチゴ')
　　　　　　内　　リスト

item_nameカラムの値がリスト内のデータと同じ

item_nameカラムの値がリンゴ、もしくはイチゴと同じ

このSQL文は「=」と「OR」を使って、次のように書き替えられるよ。

```
SELECT * FROM sales
WHERE item_name = 'リンゴ' OR item_name = 'イチゴ';
```

あるカラムが複数の値のうちいずれかに該当する、という条件の場合、IN演算子を使うとがSQL文が短くなって読みやすくなるんだ。

たしかに！　複数の条件式を論理演算子でつなげるより、条件式が1つにまとまってて読みやすくなった！

NOT IN演算子を使ってみよう

IN演算子とは逆に、複数の値のうちいずれにも一致しないデータを取り出したいときは、NOT IN（ノットイン）演算子を使います。書き方はIN演算子と同じです。

書式：リストのいずれの値にも一致しない条件式

```
WHERE カラム名 NOT IN(データ1, データ2, ...);
```

P.70のSQL文をIN演算子からNOT IN演算子に変えてみましょう。

chap2-20.sql

```
SELECT * FROM sales WHERE item_name NOT IN('リンゴ', 'イチゴ');
```

出力結果

```
date        item_name  item_count  price  customer
----------  ---------  ----------  -----  --------
2023-04-10  ブドウ          1        500    クマ井
2023-04-10  バナナ          2        400    サル橋
2023-04-12  バナナ          3        600    サル橋
2023-04-13  バナナ          2        400    ウサ田
```

item_name	NOT IN	('リンゴ', 'イチゴ')
	にない	リスト

item_nameカラムの値がリストにない

＝

item_nameカラムの値がリンゴ、もしくはイチゴと同じではない

NOT IN演算子を使ったSQL文は、<>演算子とAND演算子を組み合わせたSQL文にもできるよ。

```
SELECT * FROM sales
WHERE item_name <> 'リンゴ' AND item_name <> 'イチゴ';
```

BETWEEN演算子を使ってみよう

数や日付で特定の範囲を指定したい場合は、BETWEEN（ビトゥイーン）演算子を使って条件式を作る方法があります。

書式：指定した値の範囲の条件式

```
WHERE カラム名 BETWEEN 値1 AND 値2;
```

WHERE句でカラム名のあとにBETWEENを入れ、続けて指定したい範囲の値をAND演算子でつなぎます。通常、AND演算子は「かつ」という意味ですが、BETWEEN演算子と組み合わせて使う場合、「から」という意味に変わります。

次のSQL文を実行して、どのような結果が得られるか確認してみましょう。

chap2-21.sql

```
SELECT * FROM sales
WHERE date BETWEEN '2023-04-11' AND '2023-04-13';
```

出力結果

```
date        item_name  item_count  price  customer
----------  ---------  ----------  -----  --------
2023-04-11  リンゴ        5          600    サル橋
2023-04-12  イチゴ        2          800    イヌ山
2023-04-12  バナナ        3          600    サル橋
2023-04-13  バナナ        2          400    ウサ田
```

AND演算子を使っているけど、dateカラムの値が「2023-04-11」と「2023-04-13」以外のデータも取り出されているね。

BETWEEN演算子と組み合わせることで、「左辺の値から右辺の値」という意味で使われているんだ。

date BETWEEN '2023-04-11' AND '2023-04-13'

の間　から

dateカラムの値が
'2023-04-11'から'2023-04-13'の間

2023-04-10
2023-04-11
2023-04-12
2023-04-13
2023-04-14

ちなみにこのSQL文はこんな感じに書き替えることもできるよ。

```
SELECT * FROM sales
WHERE date >= '2023-04-11' AND date <= '2023-04-13';
```

なるほどっ！ dateカラムの値が「2023-04-11」以上かつ「2023-04-13」以下ってことか。

そういうこと。こういう条件の場合、比較演算子を間違えて使っちゃうことがあるから、BETWEEN演算子を使うと間違いを防げるよ。

NOT BETWEEN演算子を使ってみよう

BETWEEN演算子とは逆に、指定した範囲外のデータを取り出したいときはNOT BETWEEN（ノットビトゥイーン）演算子を使います。書き方はBETWEEN演算子と同じです。

書式：指定した値の範囲外の条件式

```
WHERE カラム名 NOT BETWEEN 値1 AND 値2;
```

P.72のSQL文をNOT BETWEEN演算子に変更して実行してみましょう。

chap2-22.sql

```
SELECT * FROM sales
WHERE date NOT BETWEEN '2023-04-11' AND '2023-04-13';
```

出力結果

```
date        item_name  item_count  price  customer
----------  ---------  ----------  -----  --------
2023-04-10  リンゴ      3            360   ウサ田
2023-04-10  ブドウ      1            500   クマ井
2023-04-10  バナナ      2            400   サル橋
2023-04-14  イチゴ      2            800   ネコ村
```

見事にさっきの結果とは真逆だね。

NOT BETWEEN演算子の働きで、「〜から〜の間以外」という条件になったんだ。

date	NOT BETWEEN	'2023-04-11'	AND	'2023-04-13'
	の間以外		から	

dateカラムの値が
'2023-04-11' から '2023-04-13' の間以外

2023-04-10
2023-04-11
2023-04-12
2023-04-13
2023-04-14

NOT BETWEEN演算子を使わないで条件式を作ると、こんな感じだよ。

```
SELECT * FROM sales
WHERE date < '2023-04-11' OR date > '2023-04-13';
```

「2023-04-11」より小さい、もしくは「2023-04-13」より大きいってことね。

条件式の書き方はいろいろ

それにしても同じ条件でもSQL文の書き方がいろいろあるんだね。

SQL文はデータの取り出し以外の操作もあるけど、もっとも多い操作はデータの取り出しなんだ。

うんうん。

もしかしたら、いかに短くSQL文を書けるのかを考えるうちに、いろいろな条件式の書き方が生まれたのかもね。

たしかにたくさん入力するのは疲れちゃうもんね。

とはいえ、SELECT文で使う句はまだまだあるから、次の章でも第2章の最後の画面から引き続きデータの取り出し方法について説明するよ。

使いこなせるように頑張るぞ！

第3章
取り出したデータを
加工してみよう
OPEN
計算に
役立ちそう！
データを計算したり、
並べ替えたりする方法を
学んでみよう！

うおお！
タタタタ
エ、エリちゃん、
どうしたんだい？

先生！
今声かけないで！
タタタタ
え！？
店の売上の
計算をしてるの！

おーそれはたいへんだ。
でも楽に計算できる
方法があるよ。

なんですってー！
ピタ

データベースで
数値を集計する
方法があるんだ。

そのほかに
特定のデータを
グループ化する
方法もあるよ。
べんり！

一緒に見ていこう！
ラジャー。

この章でやること

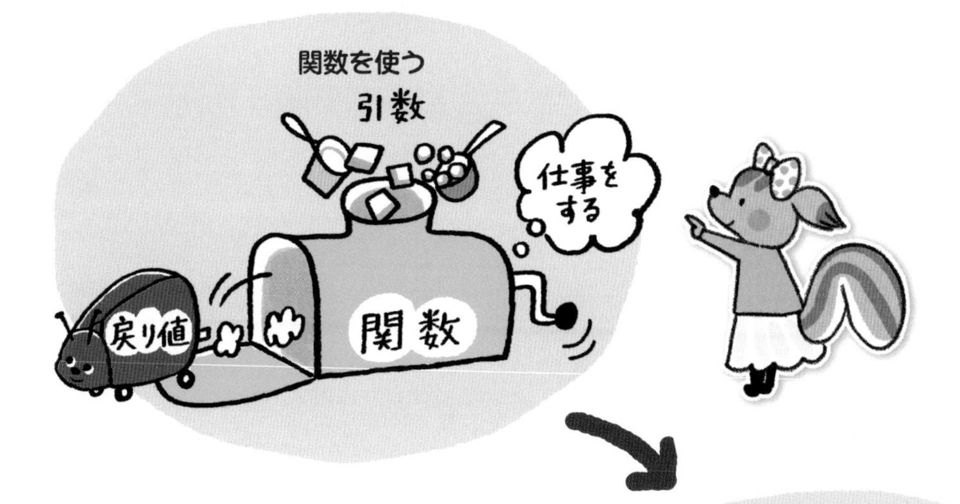

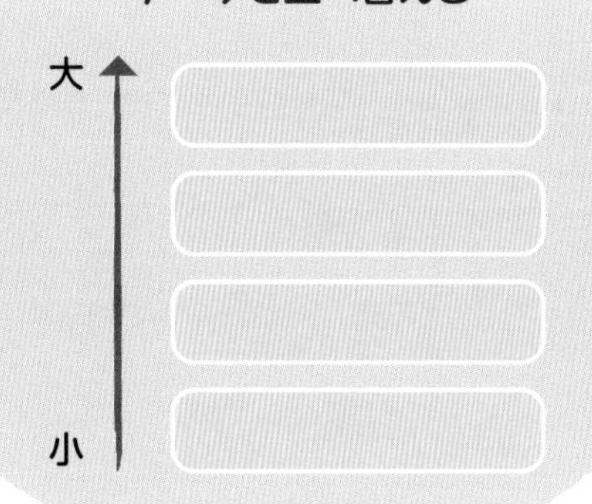

Intro
duction

LESSON 11

データを集計しよう

SELECT 文で取り出したデータは、そのまま結果として取得するだけではなく、加工できます。データの加工方法について説明しましょう。

360足す500は860。860足す400は……。

おや？　何の計算をしているんだい？

データベースに入れた売上情報の合計代金を計算しようと思って。

それならデータベースの集計関数を使って求めることができるよ。

データベースって計算もできるの？　というか「関数」って何？

関数は与えられた値を使って、何らかの処理を行ってくれるしくみのことだよ。また計算といっても、合計値を求めたり、平均値を求めたり、さまざまなことができるんだ。

へー。そんな便利なしくみがあるんだ！

売上情報を集計するのに便利な関数がいくつかあるから一緒に使ってみよう。

集計関数

DBMSにはデータベース内のデータを集計したり、操作したりするための関数というしくみが用意されています。関数にデータや条件などを渡すと、何らかの処理を行って結果を返します。また関数に渡すデータや条件のことを引数、関数から得られる結果を戻り値といいます。

関数にはいくつか種類があり、対象テーブルにあるカラムの合計値や平均値など、数値から何らかの結果を返す関数を集計関数といいます。代表的な集計関数は次のとおりです。

集計関数

関数	意味
COUNT（カウント）	テーブルのレコード数を求める
SUM（サム）	指定したカラムの合計値を求める
AVG（エイブイジー）	指定したカラムの平均値を求める
MIN（ミン）	指定したカラムの最小値を求める
MAX（マックス）	指定したカラムの最大値を求める

関数もRDBMSによっては独自のものがあったり、同じ関数名でも引数の数が違ったりするんだ。ここで紹介する集計関数はどのRDBMSでも使えるよ。

やったー！

第２章の続きとなるので、第２章のおわりの画面から、そのまま学習を続けていこう！

LESSON 11

レコード数を数えてみよう

集計関数を使ったSQL文の基本的な書式は次のとおりです。関数名のあとに続けて引数を( )で囲みます。

書式：関数を使うときの基本的なSQL文

```
SELECT 関数名(引数) FROM テーブル名;
```

それではCOUNT関数を使ってsalesテーブルのレコード（データ）数を求めてみましょう。COUNT関数ですべてレコード数を求める場合は、引数に「*」を指定します。

chap3-1.sql

```
SELECT COUNT(*) FROM sales;
```

出力結果

```
COUNT(*)
--------
8
```

date	item_name	item_count	price	customer
2023-04-10	リンゴ	3	360	ウサ田
2023-04-10	ブドウ	1	500	クマ井
2023-04-10	バナナ	2	400	サル橋
2023-04-11	リンゴ	5	600	サル橋
2023-04-12	イチゴ	2	800	イヌ山
2023-04-12	バナナ	3	600	サル橋
2023-04-13	バナナ	2	400	ウサ田
2023-04-14	イチゴ	2	800	ネコ村

8レコード

結果の見出しが関数名と引数になってるよ。

SELECT句で関数を使うと、見出しには関数名と引数が表示されるんだ。ASキーワードを使うと別の名前を付けられるよ。

chap3-2.sql

```
SELECT COUNT(*) AS records FROM sales;
```

出力結果

```
records
-------
8
```

わっ！　見出しが変わってる！

ASキーワードは関数にも使えるんだ。とはいえ、関数を使っていることをわかりやすくするために、以降はASキーワードをあえて使わないSQL文にするよ。

了解です！

COUNT関数の引数にカラム名を指定した場合

COUNT関数の引数にカラム名を指定することも可能です。カラム名を指定した場合、値がNULL値ではないレコードが対象になります。NULL値はセルにデータが入っていないことを表します。NULL値については、P.129であらためて説明します。

指定したカラムの合計値を求めよう

続いてSUM関数を使ってみましょう。次のSQL文を実行すると、salesテーブルのpriceカラムの値をすべて合計した値が求められます。

chap3-3.sql

```
SELECT SUM(price) FROM sales;
```

出力結果

```
SUM(price)
----------
4460
```

SUMは「合計」という意味があるんだ。こんな感じで引数で指定されたカラムの値を1つずつ足し算しているんだ。

360 + 500 + 400 + 600 + 800 + 600 + 400 + 800 = 4460

そうそう！　私が計算したかったのはこれ!!　関数で計算もしてくれるなんて、めっちゃ便利！

集計関数の中でも使用頻度が高い関数だから、覚えておいて損はないよ。

指定したカラムの平均値を求めよう

AVG関数はAverage（アベレージ）を略して付けられた名前で、Averageには「平均値」という意味があります。次のSQL文を実行して、priceカラムの平均値を求めてみましょう。

chap3-4.sql

```
SELECT AVG(price) FROM sales;
```

出力結果

```
AVG(price)
----------
557.5
```

AVG関数はカラムの値を足し算したあと、レコード数でわっているよ。

360 + 500 + 400 + 600

+ 800 + 600 + 400 + 800

= 4460 ÷ 8 = 557.5

このSQL文は、1日あたりの平均売上ってことね。季節やお天気によって、売上がどう変わるのかを調べるのによさそう。

指定したカラムの最小値と最大値を求めよう

今度はMIN関数とMAX関数を同時に使ってみましょう。関数も「,」で区切ることで同時に使うことができます。

なお、MINは「最小」という意味があるMinimum（ミニマム）の略で、MAXは「最大」という意味があるMaximum（マキシマム）の略です。

chap3-5.sql

```
SELECT MIN(price), MAX(price) FROM sales;
```

出力結果

```
MIN(price)  MAX(price)
----------  ----------
360         800
```

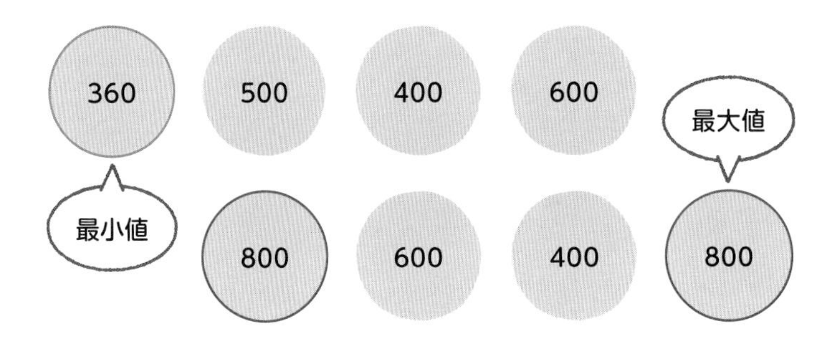

数値以外にも、文字列で表した日付もMIN関数とMAX関数を使えるぞ。

chap3-6.sql

```
SELECT MIN(date), MAX(date) FROM sales;
```

出力結果

```
MIN(date)   MAX(date)
----------  ----------
2023-04-10  2023-04-14
```

なるほど！　日付が一番古い値が最小値で、一番新しい日付が最大値になるのか。

2023-04-10　最小値
2023-04-11
2023-04-12
2023-04-13
2023-04-14　最大値

文字列で表した日付から最大値と最小値を探す場合、形式がそろっていないと正しい結果が得られないから注意しよう。

LESSON 12

データをグループ化しよう

SELECT 文で取り出すデータは、指定したカラムの値でグループを作れます。データをグループ化する方法について学びましょう。

集計関数以外にもデータベースにはデータをグループ化する機能があるんだ。

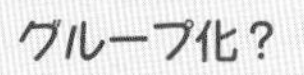

グループ化？

例えば、1組は赤組、2組は白組っていうグループ分けの方法があるよね。

うんうん。

組の番号によって赤組か白組かのグループが分かれるように、データベースのデータも指定したカラムの値でグループにまとめることができるんだ。

グループにまとめたデータをどう使うかがイメージがわかないんだけど。

実はデータをグループ化したうえで、集計関数を使うとお客さんごとの来店回数や合計代金を求めることができるんだ。

ええ！　そんなことができるの??　それなら売れ筋商品がひと目でわかるように、商品ごとの売上個数がわかるようにしたいな！

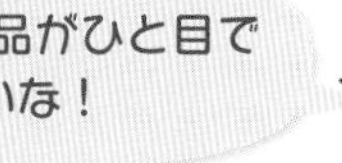

せっかくだから、いろんなグループ化を試してみよう。

GROUP BY句でデータをグループにまとめよう

データをグループ化するにはGROUP BY（グループ バイ）句を使います。GROUP BYは「グループ分けする」という意味があります。

書式：GROUP BY 句の基本的な使い方

```
SELECT カラム名, 関数(引数) FROM テーブル名 GROUP BY カラム名;
```

GROUP BY句は関数と組み合わせて使うため、SELECT句で関数を使います。そして、テーブル名のあとにGROUP BY句でグループ化したいカラムを指定します。

それでは、GROUP BY句とCOUNT関数を組み合わせて、お客さんごとの来店回数を求めてみましょう。

LESSON 12

chap3-7.sql

```
SELECT customer, COUNT(*)  FROM sales GROUP BY customer;
```

出力結果

```
customer  COUNT(*)
--------  --------
イヌ山       1
ウサ田       2
クマ井       1
サル橋       3
ネコ村       1
```

すごーい！　お客さんごとの来店回数がまるわかりだね。

salesテーブルをcustomerカラムの値ごとにグループを作り、そのうえでグループごとにCOUNT関数の処理を行っているよ。

		2023-04-10	
	2023-04-10		2023-04-11	
2023-04-12	2023-04-13	2023-04-10	2023-04-12	2023-04-14

イヌ山	ウサ田	クマ井	サル橋	ネコ村
1回	2回	1回	3回	1回

GROUP BY句でグループ化をするときは、エリちゃんに気を付けてほしいことがあるんだ。

なんだろう。

GROUP BY句を使うときは、SELECT句で指定しているカラム名にする必要があるんだ。

SELECT句

```
SELECT customer, COUNT(*) FROM sales
GROUP BY customer;
```

同じカラムを指定している

GROUP BY句

実際にGROUP BY句とSELECT句で異なるカラム名を指定した例を試してみよう。

chap3-8.sql

```
SELECT item_name, COUNT(*)  FROM sales GROUP BY customer;
```

出力結果

```
item_name  COUNT(*)
---------  --------
イチゴ         1
リンゴ         2
ブドウ         1
バナナ         3
イチゴ         1
```

なんかよくわからない結果になってるような……。

customerカラムでグループ化をしているのに、SELECT句でitem_nameカラムを指定しているから、正しい結果が得られなくなってしまったんだ。

SELECT句

```
SELECT item_name, COUNT(*) FROM sales
```

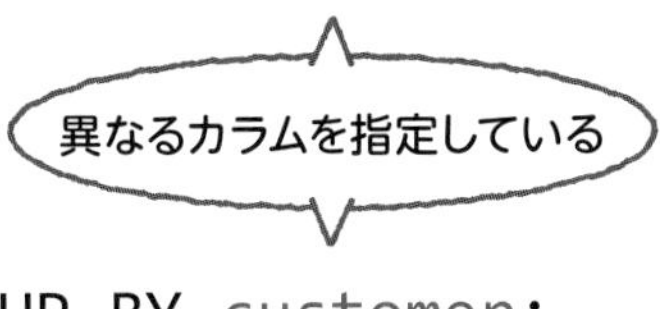


```
GROUP BY customer;
```

GROUP BY句

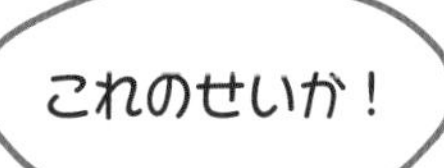

まぁ細かいことは考えず、GROUP BY句でグループ化するカラムは、SELECT句で指定するカラムにする、っていうルールを覚えておいてもらえれば大丈夫だよ。

わかりました！

GROUP BY句とSUM関数を組み合わせてみよう

GROUP BY句はCOUNT関数以外の集計関数とも組み合わせられます。続いて、GROUP BY句とSUM関数を組み合わせたSQL文を試してみましょう。

chap3-9.sql

```
SELECT item_name, SUM(price) FROM sales GROUP BY item_name;
```

出力結果

```
item_name  SUM(price)
---------  ----------
イチゴ        1600
バナナ        1400
ブドウ        500
リンゴ        960
```

item_nameカラム、つまり商品ごとのグループを作って、グループごとにSUM関数でpriceカラムの値を合計させているよ。

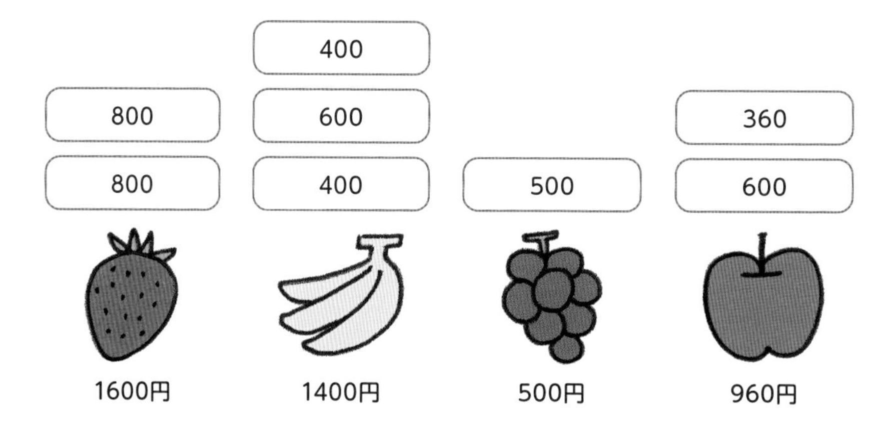

データベースでこんなにいろいろと計算してくれるなら、電卓いらずね！

そうだね。電卓だと打ち間違いもあるし、関数を使って行える計算はなるべく関数を使うと計算ミスを防げるよ。

GROUP BY句とAVG関数を組み合わせてみよう

次は日付でグループ化し、AVG関数で1日の平均売上額を求めているSQL文です。

chap3-10.sql

```
SELECT date, AVG(price) FROM sales GROUP BY date;
```

LESSON 12

出力結果

```
date        AVG(price)
----------  ----------
2023-04-10  420.0
2023-04-11  600.0
2023-04-12  700.0
2023-04-13  400.0
2023-04-14  800.0
```

日付ごとにもグループを作れるんだね。

グループ化の対象や使用する関数によって、いろいろな集計結果が得られるよ。目的にあわせて使い分けよう！

LESSON 13

グループ化した値を結合させよう

集計関数には文字列を結合させる関数があるので、GROUP BY 句と組み合わせた使い方を説明します。

代表的な6つの集計関数を教えたけど、もう1つGROUP BY句とよく組み合わせて使う集計関数があるんだ。

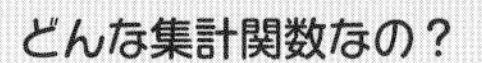

どんな集計関数なの？

GROUP_CONCAT(グループ コンキャット)という関数で、指定したカラムの値を結合する働きがあるんだ。

結合ってどういうこと？

結合は、複数の値をつなげて、1つの値にすることだよ。

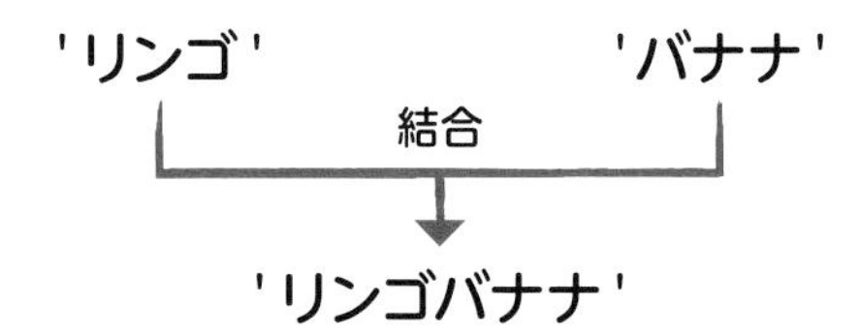

こんなことができるんだ！

GROUP_CONCAT関数を使ったSQL文を実行すると、どんな結果が得られるのかを確認しよう。

GROUP_CONCAT関数を使ってみよう

GROUP_CONCAT関数もCOUNT関数やSUM関数などの集計関数と使い方は同じで、引数に値を結合させたいカラム名を入れます。

次のSQL文ではGROUP_CONCAT関数の引数として、item_nameを渡しています。

chap3-11.sql

```
SELECT customer, GROUP_CONCAT(item_name) FROM sales
GROUP BY customer;
```

出力結果

```
customer  GROUP_CONCAT(item_name)
--------  -----------------------
イヌ山      イチゴ
ウサ田      リンゴ,バナナ
クマ井      ブドウ
サル橋      バナナ,リンゴ,バナナ
ネコ村      イチゴ
```

お客さんごとにどの商品を買ったかっていう情報になってる！

customerカラムでグループ化して、グループごとにitem_nameカラムの値を連結しているんだ。

グループ化の基準　　グループごとに結合する

customer	date	item_name	item_count	price
イヌ山	2023-04-12	イチゴ	2	800
ウサ田	2023-04-10	リンゴ	3	360
	2023-04-13	バナナ	2	400
クマ井	2023-04-10	ブドウ	1	500
サル橋	2023-04-10	バナナ	2	400
	2023-04-11	リンゴ	5	600
	2023-04-12	バナナ	3	600
ネコ村	2023-04-14	イチゴ	2	800

ちなみに、GROUP_CONCAT関数でカラムの値を連結すると、連結した値の間には「,」が入るんだ。値を区切る文字は、「区切り文字」と呼ぶよ。

「,」で区切られているから、見やすい値になっているね。だけど、サル橋は「バナナ,リンゴ,バナナ」になってて、違和感があるなぁ。

だったらDISTINCTキーワードも組み合わせてみよう。

GROUP_CONCAT関数とDISTINCTキーワードを組み合わせよう

DISTINCTキーワードを使うことで、指定したカラムのデータが重複しなくなります（P.47参照）。関数の引数にカラム名を指定する際、DISTINCTキーワードを付けることにより、データが重複しない結果が得られます。

書式：関数の引数にDISTINCTキーワードを付ける

```
GROUP_CONCAT(DISTINCT カラム名)
```

P.95のSQL文にDISTINCTキーワードを加えて実行してみましょう。

chap3-12.sql

```
SELECT customer, GROUP_CONCAT(DISTINCT item_name) FROM sales
GROUP BY customer;
```

LESSON 13

出力結果

```
customer  GROUP_CONCAT(DISTINCT item_name)
--------  --------------------------------
イヌ山      イチゴ
ウサ田      リンゴ,バナナ
クマ井      ブドウ
サル橋      バナナ,リンゴ
ネコ村      イチゴ
```

重複がなくなってスッキリ。

グループ化した結果に条件を指定しよう

集計した結果に対して条件を指定してデータを取り出すことができます。ここではHAVING句の使い方を学びましょう。

グループ化したうえで集計した結果に対して、条件を付けられるんだ。例えば、今週２回以上来店しているお客さんの名前だけを取り出せるよ。

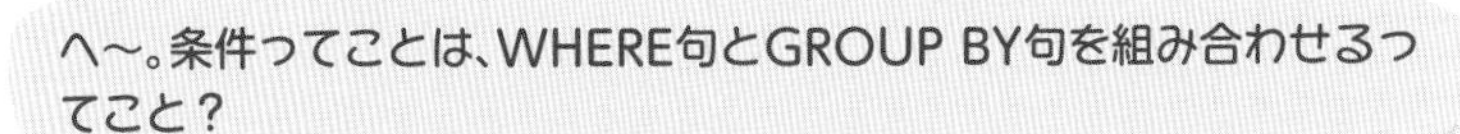

へ～。条件ってことは、WHERE句とGROUP BY句を組み合わせるってこと？

WHERE句とGROUP BY句を組み合わせることはできるけど、その組み合わせだと集計した結果に対して条件は付けられないんだ。

そうなの？

詳しくはあとで説明するけど、集計した結果に対して条件を付けたい場合は、HAVING（ハヴィング）句を使うんだ。

また新しい句ね！　フクロウ先生、使い方を教えてください。

HAVING句を使ってみよう

HAVING句を使うことで、グループ化して集計した結果に対して条件を付けることができます。次のようにGROUP BY句のカラム名のあとに、HAVING句と条件式を書きます。

書式：HAVING 句の基本的な使い方

```
SELECT カラム名, 集計関数 FROM テーブル名
GROUP BY カラム名 HAVING 条件式;
```


次のSQL文では、HAVING句の条件式に集計関数の1つであるCOUNT関数を使っています。GROUP BY句でcustomerカラムを指定しているので、customerカラムの値でグループ化し、レコードが2件以上あるデータが取り出されます。

chap3-13.sql

```
SELECT customer, COUNT(*) FROM sales
GROUP BY customer HAVING COUNT(*) >= 2;
```

出力結果

```
customer  COUNT(*)
--------  --------
ウサ田       2
サル橋       3
```

2023-04-12

1回

2023-04-10
2023-04-13

2回

2023-04-10

1回

2023-04-10
2023-04-11
2023-04-12

3回

2023-04-14

1回

グループ化してもレコード数が何十、何百件とある場合は、HAVING句で条件を付けてデータを絞り込もう。

なるほど〜。たしかに1年分の売上情報だと100件は優に超えるから、グループ化したあとの絞り込みは必要だね。

句の実行順番に注目しよう

ここであらためて、SQL文の句が実行される順番に注目してみよう。

句が実行される順番ってどういうこと？

SQL文の句は実行される順番が決まっているんだ。

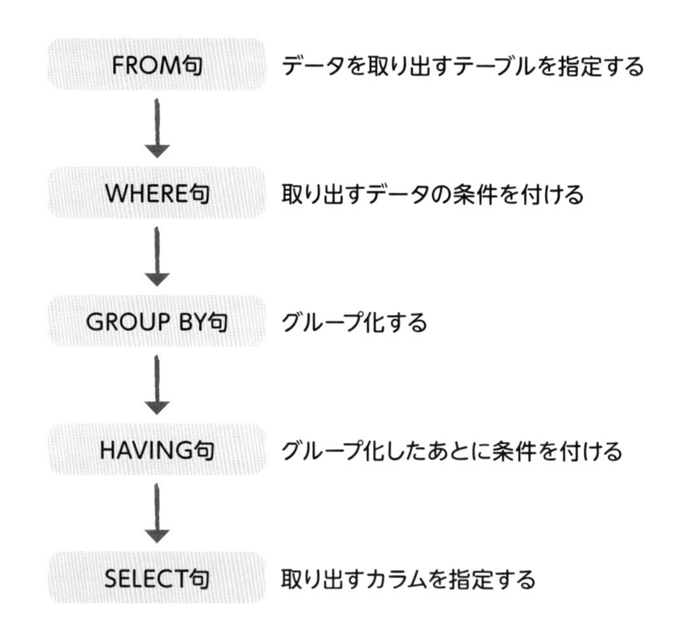
FROM句
データを取り出すテーブルを指定する
WHERE句
取り出すデータの条件を付ける
GROUP BY句
グループ化する
HAVING句
グループ化したあとに条件を付ける
SELECT句
取り出すカラムを指定する

あれ？　SELECT句ってHAVING句のあとなの？

Pythonなどのプログラミング言語は、上から下に向かって実行されるけど、SQL文の句は書いた順番に実行されないことがポイントなんだ。

なんだか紛らわしいなぁ。

まぁまぁ。実際にこの5句を使ったSQL文を実行して、処理の流れを確認してみよう。

chap3-14.sql

```
SELECT customer, COUNT(*) FROM sales
WHERE customer <> 'ウサ田'
GROUP BY customer HAVING COUNT(*) >= 2;
```

出力結果

```
customer  COUNT(*)
--------  --------
サル橋       3
```

FROM句　salesテーブルを指定する

↓

WHERE句　customerカラムの値が「ウサ田」と同じではない

↓

GROUP BY句　customerカラムでグループ化する

↓

HAVING句　レコードが2件以上である

↓

SELECT句　customerカラムとレコードの数を取り出す

WHERE句とHAVING句は、どちらもレコードを絞り込むための条件を指定するけど、WHERE句はグループ化する前のデータ、HAVING句はグループ化したあとのデータにそれぞれ条件を付けているんだ。

ふむふむ。

だからWHERE句では集計関数を使えないんだ。

そういうことかー。

特定のカラムだけをグループ化したい場合は、WHERE句で条件を指定しておくと読みやすいSQL文になるよ。

データを並べ替えよう

データは基準にしたカラムの値によって並べ替えることができます。
ORDER BY 句を使ったデータの並べ替えについて学びましょう。

GROUP BY句とくれば次はORDER BY(オーダー バイ)句だね。

オーダーって何か注文でもするの？

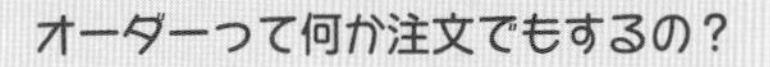

ほっほーっ。たしかにORDERには「注文」という意味もあるが、ここでは「順番」という別の意味で使われているんだ。ORDER BY句を使うと、取り出したデータを指定したカラムのデータで並べ替えられるよ。

そうなんだ！

並べ替えることで、売れ行きがいい商品がひと目でわかるよ。

ORDER BY句で並べ替えよう

ORDER BY句は、取り出したデータを並べ替える働きがあります。ORDER BY句のもっとも基本的な書式は次のとおりで、ORDER BYのあとに並べ替えの基準にするカラム名を書きます。

書式：ORDER BY 句の基本的な使い方

```
SELECT * FROM テーブル名 ORDER BY 並べ替え基準のカラム名;
```

次のSQL文は、ORDER BY句にpriceカラムを指定しているため、取り出したデータが代金が安い順番に並べ替えた状態で出力されます。

chap3-15.sql

```
SELECT * FROM sales ORDER BY price;
```

出力結果

```
date        item_name  item_count  price  customer
----------  ---------  ----------  -----  --------
2023-04-10  リンゴ        3          360    ウサ田
2023-04-10  バナナ        2          400    サル橋
2023-04-13  バナナ        2          400    ウサ田
2023-04-10  ブドウ        1          500    クマ井
2023-04-11  リンゴ        5          600    サル橋
2023-04-12  バナナ        3          600    サル橋
2023-04-12  イチゴ        2          800    イヌ山
2023-04-14  イチゴ        2          800    ネコ村
```

うーん、並べ替えの方法がわかったのはいいけど、代金が安い順より高い順にしたいな。

並べ替えの方法は指定できるから、次は高い順に並べ替えてみよう。

並べ替え方法を指定しよう

ORDER BY句でDESC（デスク）キーワードを使うと、大きいほうから小さいほうへ向かって並べ替えられます。DESCキーワードは、並べ替え基準のカラム名のあとに書きます。

書式：指定した値の範囲

```
SELECT * FROM テーブル名 ORDER BY 並べ替えの基準カラム名 DESC;
```

P.104のSQL文のうしろにDESCを追加し、実行してみましょう。

chap3-16.sql

```
SELECT * FROM sales ORDER BY price DESC;
```

出力結果

```
date        item_name  item_count  price  customer
----------  ---------  ----------  -----  --------
2023-04-12  イチゴ       2            800    イヌ山
2023-04-14  イチゴ       2            800    ネコ村
2023-04-11  リンゴ       5            600    サル橋
2023-04-12  バナナ       3            600    サル橋
2023-04-10  ブドウ       1            500    クマ井
2023-04-10  バナナ       2            400    サル橋
2023-04-13  バナナ       2            400    ウサ田
2023-04-10  リンゴ       3            360    ウサ田
```

LESSON 15

とってもイイ感じになったと思う！

それならよかった。ちなみに、DESCはDescending（ディセンディング）の略で、降順という意味があるんだ。だから、データを大きいほうから小さいほうへ向かって並べ替えることを降順っていうよ。

へ〜、じゃあその逆は？

小さいほうから大きいほうへ向かって並べ替えことは昇順というよ。実は、ORDER BY句でDESCキーワードを書かなかった場合、自動的に昇順を指定するASC（アスク）キーワードが書かれたものとして実行されるんだ。

```
SELECT * FROM sales sales ORDER BY price;
```

‖ 同じ意味

```
SELECT * FROM sales sales ORDER BY price ASC;
```

そうだったんだ。

ちなみに、ASCはAscending(アセンディング)の略で昇順という意味があるよ。

複数のカラムを指定して並べ替えよう

まずは次のSQL文を実行してみましょう。

chap3-17.sql

```
SELECT * FROM sales ORDER BY item_count DESC;
```

出力結果

date	item_name	item_count	price	customer
2023-04-11	リンゴ	5	600	サル橋
2023-04-10	リンゴ	3	360	ウサ田
2023-04-12	バナナ	3	600	サル橋
2023-04-10	バナナ	2	400	サル橋
2023-04-12	イチゴ	2	800	イヌ山
2023-04-13	バナナ	2	400	ウサ田
2023-04-14	イチゴ	2	800	ネコ村
2023-04-10	ブドウ	1	500	クマ井

item_countカラムの値が同じ3でも、priceカラムの値は360、600の順番で降順にはなってないね。

よく気が付いたね。複数のカラムのデータを取り出す場合、並べ替え基準のカラムを複数指定することで、よりわかりやすい結果が得られるよ。

書式：ORDER BY 句で並べ替え基準のカラムを複数指定する

```
SELECT * FROM テーブル名
ORDER BY 並べ替え基準のカラム名1 DESC, 並べ替え基準のカラム名2 DESC;
```

それでは次のSQL文を実行して、複数のカラムを基準にしたデータの並べ替えを試してみましょう。

chap3-18.sql

```
SELECT * FROM sales ORDER BY item_count DESC, price DESC;
```

出力結果

```
date        item_name  item_count  price  customer
----------  ---------  ----------  -----  --------
2023-04-11  リンゴ        5          600    サル橋
2023-04-12  バナナ        3          600    サル橋
2023-04-10  リンゴ        3          360    ウサ田
2023-04-12  イチゴ        2          800    イヌ山
2023-04-14  イチゴ        2          800    ネコ村
2023-04-10  バナナ        2          400    サル橋
2023-04-13  バナナ        2          400    ウサ田
2023-04-10  ブドウ        1          500    クマ井
```

これでitem_countカラムの値が同じ値でも、priceカラムの値でさらに並べ替わるよ。

やったー！　先生ありがとう！！

LESSON 16

複数の句を組み合わせたSELECT文を作ってみよう

WHERE 句、ORDER BY 句、GROUP BY 句を自由に組み合わせた SQL 文を作れます。句の書き順と、実行順をあらためて説明します。

ORDER BY句が実行される順番を学ぼう

ORDER BY句を学んだところで、ORDER BY句を含めた句の実行の順番を確認しておこう。

FROM句　データを取り出すテーブルを指定する
↓
WHERE句　取り出すデータの条件を付ける
↓
GROUP BY句　グループ化する
↓
HAVING句　グループ化したあとに条件を付ける
↓
SELECT句　取り出すカラムを指定する
↓
ORDER BY句　レコードを並べ替える

あれ？　ORDER BY句はSELECT句のあとに実行されるの？

並べ替えはデータを取り出したあとに行うんだ。

ほぇ～。ややこしくて覚えられないよぅ。

それじゃあ、少しずつ句の組み合わせを変えて、処理の流れがどうなるのかを1つずつ確認していこう。

絞り込んだデータを並べ替える

まずは、WHERE句とORDER BY句を組み合わせて、条件で絞り込んだデータを並べ替えてみましょう。

WHERE句とORDER BY句を組み合わせるときは、WHERE句の条件式のあとにORDER BY句を書きます。

書式：WHERE 句と ORDER BY 句を組み合わせる

```
SELECT * FROM テーブル名 WHERE 条件式 ORDER BY カラム名;
```

次のSQL文は、WHERE句でitem_nameカラムの値が「バナナ」と同じという条件で、priceカラムの値で並べ替えたうえ、データを取り出します。

chap3-19.sql

```
SELECT * FROM sales WHERE item_name = 'バナナ' ORDER BY price;
```

出力結果

```
date        item_name  item_count  price  customer
----------  ---------  ----------  -----  --------
2023-04-10  バナナ       2           400    サル橋
2023-04-13  バナナ       2           400    ウサ田
2023-04-12  バナナ       3           600    サル橋
```

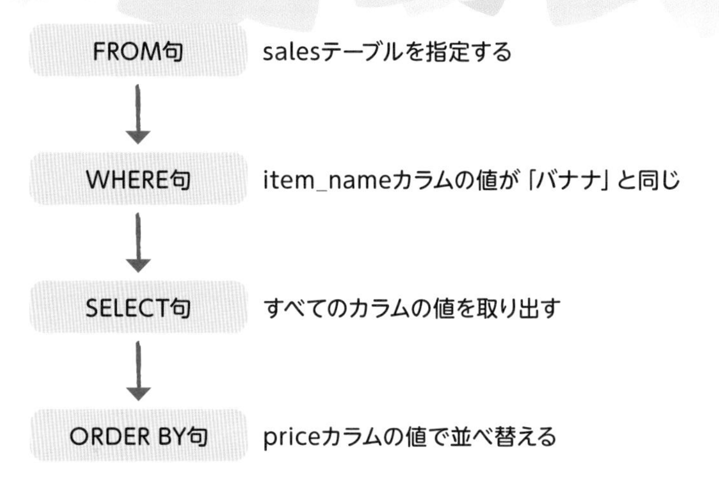

データを取り出す前に並べ替えているわけじゃないのね。

WHERE句のあとにORDER BY句を書くけど、実行の順番はWHERE句で条件を指定したあと、SELECT句でデータを取り出したうえで、並べ替えているんだ。書き順と違って、SELECT句のあとにORDER BY句が実行されることを押さえてほしい。

 グループ化して集計したデータを並べ替えよう

グループ化したデータを並べ替える場合は、GROUP BY句の直後にORDER BY句を書きます。HAVING句を使う場合は、GROUP BY句→HAVING句→ORDER BY句の順番になります。

またグループ化して集計を行う場合は、ORDER BY句にSELECT句と同じ集計関数を指定して、並べ替えることも可能です。

書式：GROUP BY 句と ORDER BY 句を組み合わせる

```
SELECT カラム名1, 集計関数 FROM テーブル名
GROUP BY カラム名1 [HAVING 条件式]
ORDER BY 並べ替え基準のカラム名もしくは集計関数;
```

chap3-20.sql

```
SELECT item_name, SUM(item_count) FROM sales
GROUP BY item_name
ORDER BY SUM(item_count) DESC;
```

出力結果

```
item_name    SUM(item_count)
---------    ---------------
リンゴ          8
バナナ          7
イチゴ          4
ブドウ          1
```

ORDER BY句はグループ化したあとに実行されるから、集計関数で求めた数値を使ってデータを並べ替えられるんだ。

FROM句　salesテーブルを指定する
↓
GROUP BY句　item_nameカラムでグループ化する　（集計関数を使える）
↓
SELECT句　item_nameカラムとitem_countカラムの合計値を取り出す
↓
ORDER BY句　item_countカラムの合計値で降順に並べ替える

グループ化したらデータはまとまるし、並べ替えなくてもよさそうに思うけど……。

今のsalesテーブルは、item_nameカラムの値が4種類しかないけど、商品の種類が多い場合グループが10以上になる場合があると思うんだ。

いわれてみればそうかも。

グループの種類が多いときは、ORDER BY句を組み合わせて並べ替えるとよりわかりやすい結果が得られるよ。

わかりやすい結果を得るためには、複数の句を組み合わせる必要があるってことね。

ここまでに学んだ句をすべて使ってみよう

最後にP.111のSQL文にWHERE句とHAVING句を追加してみましょう。

chap3-21.sql

```sql
SELECT item_name, SUM(item_count) FROM sales
WHERE item_name <> 'バナナ'
GROUP BY item_name HAVING SUM(item_count) > 2
ORDER BY SUM(item_count) DESC;
```

出力結果

```
item_name   SUM(item_count)
---------   ---------------
リンゴ    8
イチゴ    4
```

WHERE句の条件式は「item_name <> 'バナナ'」だから、item_nameカラムの値がバナナと同じではないレコード以外がグループ化されるよ。そして、HAVING句の条件式は「SUM(item_count) > 2」だから、グループごとのitem_countカラムの値が2より大きいデータだけが取り出されるんだ。

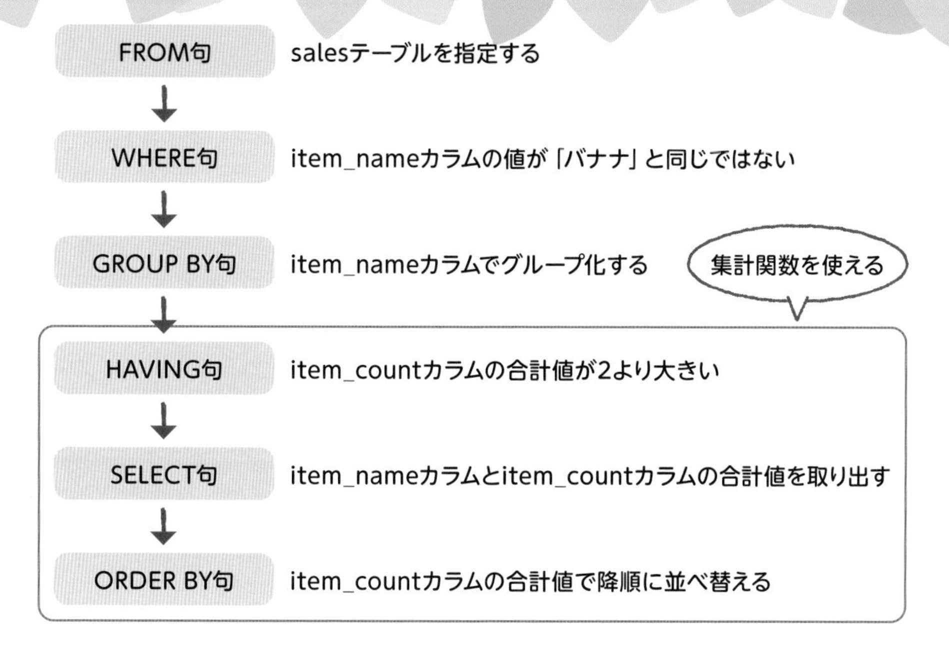
FROM句
salesテーブルを指定する
WHERE句
item_nameカラムの値が「バナナ」と同じではない
GROUP BY句
item_nameカラムでグループ化する
集計関数を使える
HAVING句
item_countカラムの合計値が2より大きい
SELECT句
item_nameカラムとitem_countカラムの合計値を取り出す
ORDER BY句
item_countカラムの合計値で降順に並べ替える

ORDER BY 句でも集計関数を使えるのね。

グループ化したあとであれば集計関数を使えるんだ。WHERE句とHAVING句はどちらも取り出すデータに条件を付ける役割があるけど、グループ化する前に実行するWHERE句では集計関数は使えないから注意してほしい。

はーい！

この本で使うSQL文は長くないけど、複雑なデータベースになると何行もSQL文を書く必要があるんだ。

ひぇ〜何行も書くなんて大変そう。

何行も書く場合、句の実行順序を意識しながらSQL文を書かないと、思いどおりの結果が得られないんだ。

なんですと？

だからこそ、基本的なSQL文でしっかりと句の書き順と実行順を押さえておく必要があるんだ。短いSQL文でも、思ったとおりの結果が得られないときは、句の実行順序や条件式を見直すといいよ。

うん！　失敗したときは見直してみるよ。

WHERE句で集計関数を使用した場合

WHERE 句で集計関数を使用すると、エラーメッセージが表示されます。

chap3-22.sql

```
SELECT item_name, SUM(item_count)
FROM sales
WHERE SUM(item_count) > 2
GROUP BY item_name;
```

出力結果

```
Parse error: misuse of aggregate: SUM()
```

※エラーメッセージの 1 行目のみ抜粋

Parse error（パースエラー）は、SQL 文の解析に失敗したことを伝えるメッセージです。「misuse of aggregate: SUM()」は直訳すると「集計の誤用：SUM()」という意味で、SUM 関数の誤った使い方が原因であることを指しています。

第4章
データを変更してみよう

エリちゃん、
データベースから
データを取り出せる
ようになった？
エッヘン
もーらくしょーです。

おー！
それはよかった。
実はDBMSには
データは取り出す以外にも
いろいろな機能があるんだ。

む！
それは知りたい！
!!

DBMSの基本機能は、
Create（作成）
Read（読み込み/取り出し）
Update（更新）
Delete（削除）
があるんだ。

4つなんだね。

ここではデータの更新や
削除を見ていこう！
はーい。

この章でやること

データベースをバックアップする

バックアップをとるのね。

データの更新

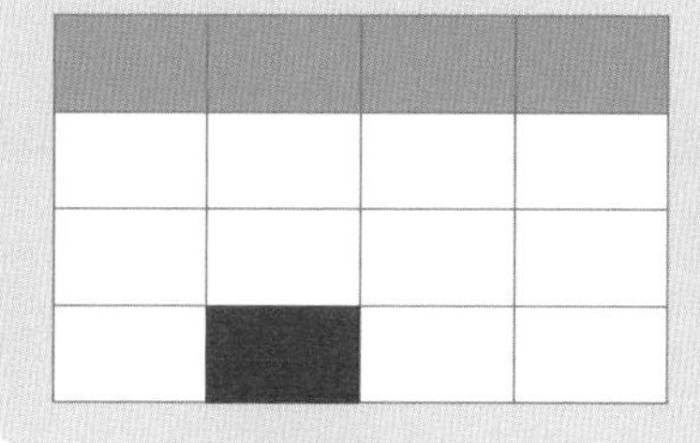

データの削除

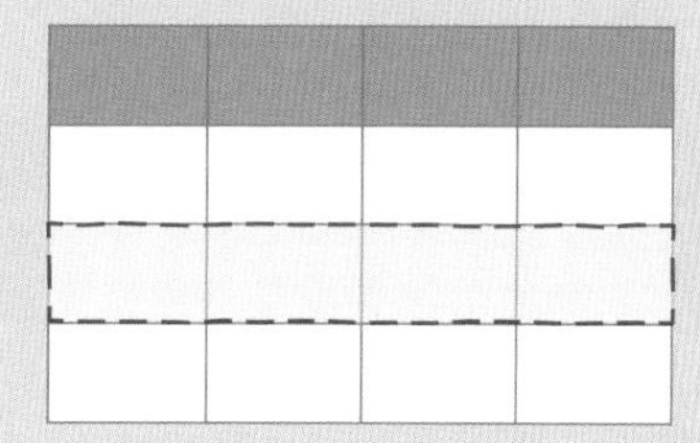

データベースをレストアする

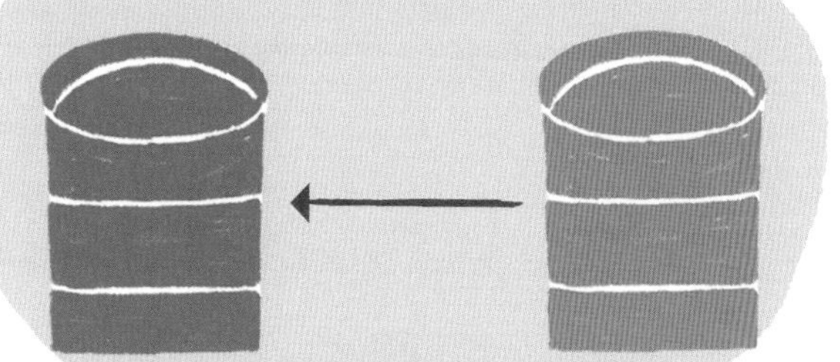

Intro
duction

LESSON 17

CRUDって何だろう？

DBMS には大きく分けて **4** つの機能があります。どのような機能なのかを押さえておきましょう。

SELECT文は使いこなせるようになったかい？

うん。取り出したいデータにあわせて条件式を作ったり、データを加工したりはバッチリ。

よし、それならDBMSが持つデータの取り出し以外の機能について説明していこうか。

データの取り出し以外の機能？

データベースを管理するDBMSは、データの取り出しを含めて4つの基本機能を持っているんだ。

ふむふむ。

一番よく使うのはデータの取り出し機能だけど、それ以外の3つもデータを管理するうえで欠かせない機能なんだ。

DBMSの基本機能

DBMSが持つ基本機能は、Create（作成）、Read（読み込み／取り出し）、Update（更新）、Delete（削除）の4つです。それぞれの頭文字を取ってCRUD（クラッド）と呼ばれています。

Create ········ データの作成
Read ·········· データの読み込み（取り出し）
Update ······· データの更新
Delete ········ データの削除

RDBMSにはこの4つの機能を使うSQL文が用意されており、データの読み込みを行えるのがSELECT文です。また、テーブルを作るためのCREATE（クリエイト）文とテーブルにデータを作成するためINSERT（インサート）文は、どちらもデータの作成機能を使うためのSQL文で、1章で読み込んだテキストファイルに記述されています。

なお、データの更新はUPDATE（アップデート）文、データの削除はDELETE（デリート）文を使います。

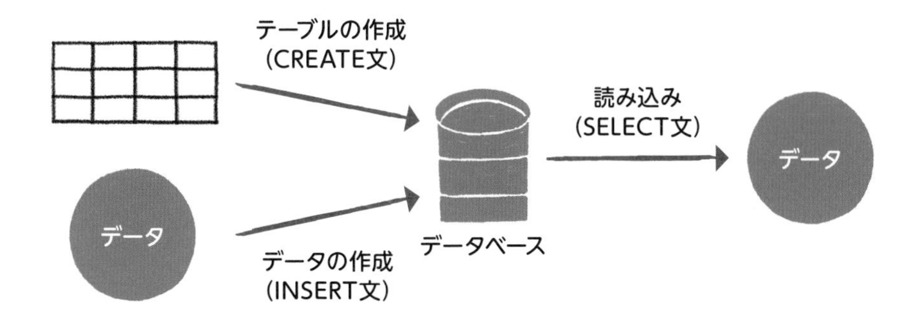

このあとのレッスンでINSERT文、UPDATE文、DELETE文の使い方を説明していくよ。

よろしくお願いします！

データベースをバックアップしよう

データの作成や更新などを行う前に、データベースをバックアップしておこう。

バックアップ？

バックアップは、データを別のファイルにコピーして保管しておくことだよ。

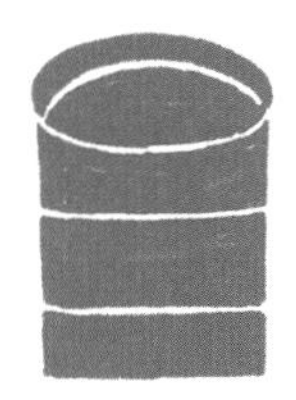

バックアップする

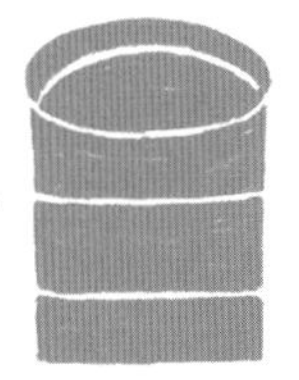

本番ファイル　　バックアップファイル

操作を間違えたときや、不慮の事故でデータが消失してしまったとき、バックアップしたファイルを使ってもとの状態に戻すことができるんだ。ちなみに、もとの状態に戻すことはレストア（restore）というよ。

バックアップファイルを使って復元

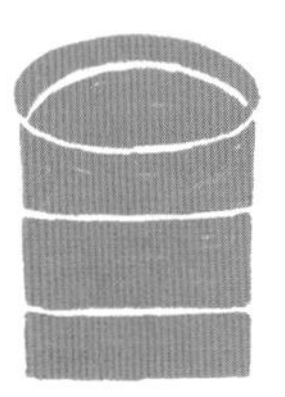

本番ファイル　　バックアップファイル

バックアップしたときの状態

いざというときに安心できるぞ。

なるほど〜、何かあってもバックアップファイルで前の状態に戻せるなら安心ね。

いざというときの備えは大切だからね。バックアップとレストアを行うSQLiteのコマンドは次のとおりだよ。

書式：データベースのバックアップファイルを作る

```
.backup 作成するファイル名
```

書式：バックアップファイルを使ったデータベースの復元

```
.restore バックアップファイル名
```

.backupコマンドでバックアップする対象は、操作しているデータベースです。「sqlite3 sample.db」でSQLiteを実行した場合、「sample.db」がバックアップの対象です。それでは、次のコマンドで「sample.db」をバックアップしましょう。

chap4-1.sql

```
.backup sample.back
```


出力結果

```
sqlite> .backup sample.back
sqlite>
```

.backupコマンドを実行して何も表示されない場合は、バックアップファイルの作成に成功しています。作業用フォルダの「sql1nen」フォルダを開いて、ファイルがあるかを確認してみましょう。

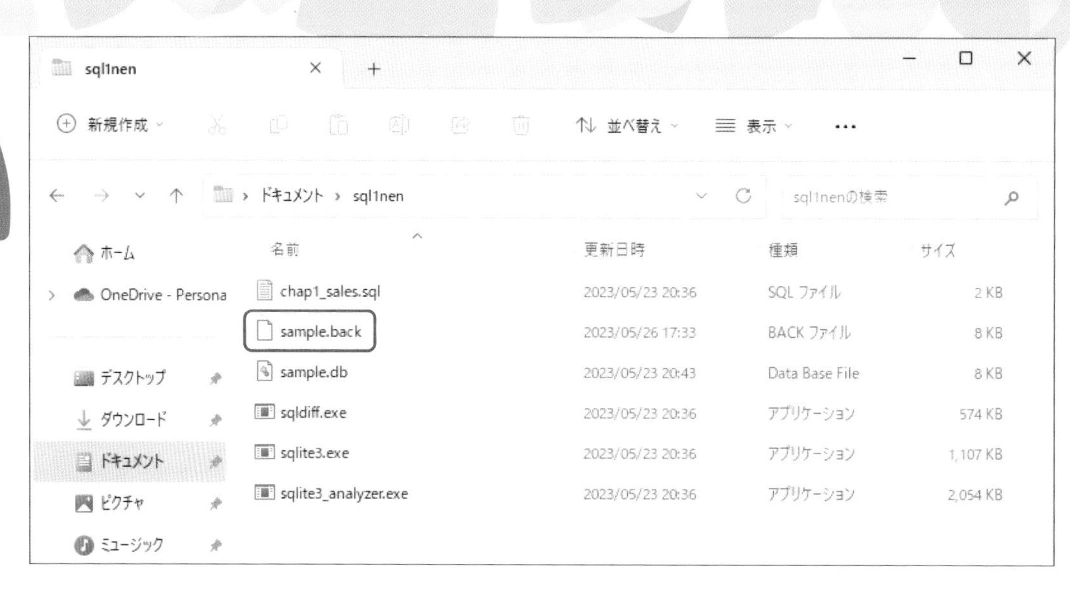

ちゃんと「sample.back」が作成されているみたい。

これでデータベースの中身が壊れても安心だね。レストアは次のレッスンでテーブルにデータを作成したあと試してみよう。

オッケー！

MEMO

直接ファイルをコピーしてバックアップする

SQLite はデータベースがファイルとして保存されます。そのため、エクスプローラーやファインダーなどの操作で、ファイルを複製しバックアップファイルを作ることも可能です。しかしその方法ですと、SQLite を終了させないと復元できません。.backup コマンドでバックアップした場合、SQLite を起動させたまま復元できるため、コマンドを使ったバックアップがおすすめです。

データを作成しよう

データの作成には INSERT 文を使います。1 章で実行した SQL 文をあらためて確認してみましょう。

すでに1章で読み込んだファイルの内容を確認しつつ、データの作成からやってみよう。

あ！　ちょうどお願いしたいことがあったんだ。

どんなお願いだい？

先週の売上情報は最初に先生がデータベースに入れてくれたけど、今週分の売上もデータベースに入れたいんだよね。

よーし、それじゃあ今週の売上情報を使って、データの作成に挑戦だ！

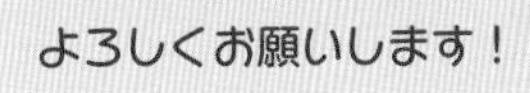

よろしくお願いします！

INSERT文を使ってみよう

データベースにデータを作成するときはINSERT文を使います。INSERTは「挿入」という意味があり、「データの作成」を「データの挿入」などと表現することもあります。

書式：データの追加①

```
INSERT INTO テーブル名 (カラム名1, カラム名2, ...)
VALUES (値1, 値2, ...);
```

INSERT INTOのあとにデータを作成したいテーブルを指定します。そのあとカッコの中にカラム名を「,」で区切って入れます。最後にVALUESとそのあとのカッコに入れたい値を「,」で区切って入れます。列挙したカラム名と入れたい値の順番は連動させる必要があります。

最初にsalesテーブルを作ってデータを入れたとき、.readコマンドでファイルを読み込んで、ファイルに記述されたSQL文を実行したことを覚えているかい？

そういえばそんなこともしたような。

実は、読み込んだファイルにはINSERT文が記述されていたんだ。ここでファイルの中身を確認しておこう。

.sqlと拡張子が付いたサンプルファイルの中身は、すべてテキストデータです。そのため、Windowsではメモ帳、macOSではテキストエディットを使用することで、中身を確認できます。

Windowの場合は、❶ファイル名を右クリックし、❷［プログラムから開く］から❸［メモ帳］をクリックしてください。またmacOSの場合は、ファイル名をcontrolキーを押しながらクリックし、［このアプリケーションで開く］-［テキストエディット.app］をクリックしてください。

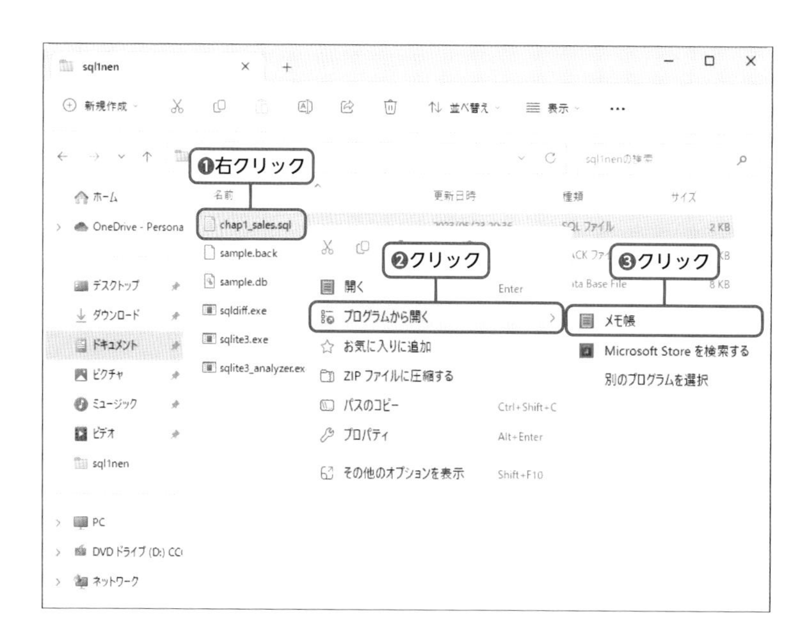

chap1_sales.sql

注意 このデータは入力しません。

```
CREATE TABLE sales (
date TEXT,
item_name TEXT,
item_count INTEGER,
price INTEGER,
customer TEXT
);
INSERT INTO sales (date, item_name, item_count, price, customer)
VALUES ('2023-04-10', 'リンゴ', 3, 360, 'ウサ田');
INSERT INTO sales (date, item_name, item_count, price, customer)
VALUES ('2023-04-10', 'ブドウ', 1, 500, 'クマ井');
INSERT INTO sales (date, item_name, item_count, price, customer)
VALUES ('2023-04-10', 'バナナ', 2, 400, 'サル橋');
INSERT INTO sales (date, item_name, item_count, price, customer)
VALUES ('2023-04-11', 'リンゴ', 5, 600, 'サル橋');
INSERT INTO sales (date, item_name, item_count, price, customer)
VALUES ('2023-04-12', 'イチゴ', 2, 800, 'イヌ山');
INSERT INTO sales (date, item_name, item_count, price, customer)
VALUES ('2023-04-12', 'バナナ', 3, 600, 'サル橋');
INSERT INTO sales (date, item_name, item_count, price, customer)
VALUES ('2023-04-13', 'バナナ', 2, 400, 'ウサ田');
INSERT INTO sales (date, item_name, item_count, price, customer)
VALUES ('2023-04-14', 'イチゴ', 2, 800, 'ネコ村');
```


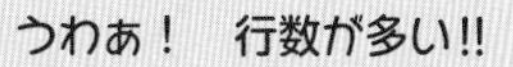

うわぁ！　行数が多い!!

最初の7行はsalesテーブルを作るためのSQL文で、8～23行目がINSERT文だよ。テーブルを作るためのSQL文は、5章であらためて説明するね。

それにしても何でこんなにINSERT文が必要なの？

1件のデータごとにINSERT文を1回実行しているんだ。INSERT文はカラム名と値を列挙すると1つのSQL文が長くなるから、1つのSQL文を改行して2行に分けているよ。

だから行数が多かったのか。

どれも同じ書式だから、8、9行目のINSERT文だけ抜粋して確認してみよう。

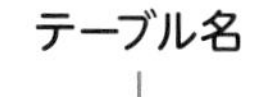

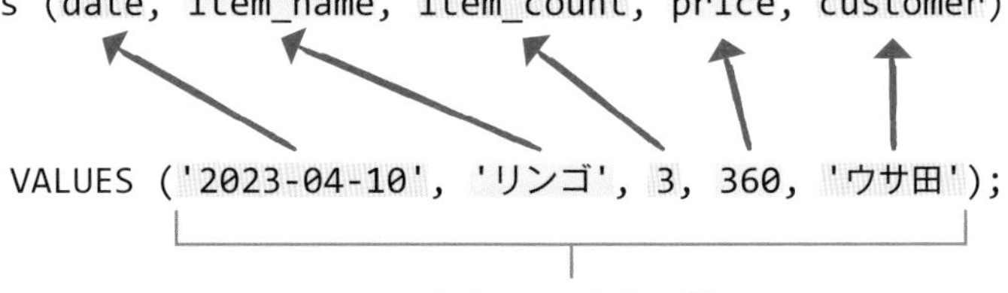


```
INSERT INTO sales (date, item_name, item_count, price, customer)
VALUES ('2023-04-10', 'リンゴ', 3, 360, 'ウサ田');
```

ここで値の順番に注目してほしい。カラムの順番と値の順番は対応関係にあって、対応するカラムに値が入るんだ。

ふむふむ。

カラムの順番と値の順番が一致しないと、意図しないカラムに値が入ってしまうから注意しよう。

順番が大切なんだね。よーし、この売上情報をデータベースに追加しちゃうぞ！

日付：2023年4月15日
商品：イチゴ
個数：2個
代金：800円
購入者：クマ井さん

INSERT文でデータの追加に成功した場合は、何も表示されません。そのため、INSERT文を実行したあと、続けてSELECT文を実行してテーブルの中身を確認しましょう。

chap4-2.sql

```
INSERT INTO sales (date, item_name, item_count, price, customer)
VALUES ('2023-04-15', 'イチゴ', 2, 800, 'クマ井');
SELECT * FROM sales;
```

出力結果

```
date        item_name  item_count  price  customer
----------  ---------  ----------  -----  --------
2023-04-10  リンゴ        3           360    ウサ田
2023-04-10  ブドウ        1           500    クマ井
2023-04-10  バナナ        2           400    サル橋
2023-04-11  リンゴ        5           600    サル橋
2023-04-12  イチゴ        2           800    イヌ山
2023-04-12  バナナ        3           600    サル橋
2023-04-13  バナナ        2           400    ウサ田
2023-04-14  イチゴ        2           800    ネコ村
2023-04-15  イチゴ        2           800    クマ井
```

よかったー！　ちゃんと追加されてる。

カラム名を省略しよう

INSERT文ですべてのカラムに値を入れる場合、カラム名は省略できます。カラム名を省略する場合、テーブルのカラムの数だけカラムの順番にあわせて値を列挙します。

書式：データの追加②

```
INSERT INTO テーブル名 VALUES (値1, 値2, ...);
```

LESSON 18

カラム名を省略したINSERT文とSELECT文を実行してみましょう。

chap4-3.sql

```
INSERT INTO sales
VALUES ('2023-04-15', 'イチゴ', 1, 400, 'ウサ田');
SELECT * FROM sales;
```

出力結果

```
date        item_name  item_count  price  customer
----------  ---------  ----------  -----  --------
2023-04-10  リンゴ       3            360    ウサ田
2023-04-10  ブドウ       1            500    クマ井
2023-04-10  バナナ       2            400    サル橋
2023-04-11  リンゴ       5            600    サル橋
2023-04-12  イチゴ       2            800    イヌ山
2023-04-12  バナナ       3            600    サル橋
2023-04-13  バナナ       2            400    ウサ田
2023-04-14  イチゴ       2            800    ネコ村
2023-04-15  イチゴ       2            800    クマ井
2023-04-15  イチゴ       1            400    ウサ田
```

ちゃんとテーブルのカラムの順番に値が入ったことがわかるね。

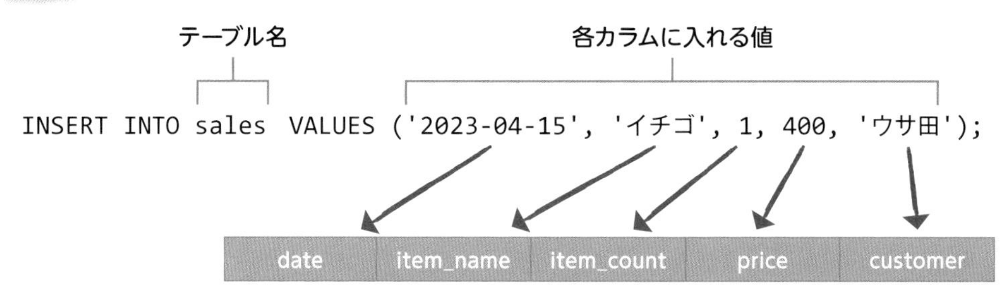

ほんとだー。少し書き方は違うけど、同じようにデータを追加できてるね。

データを作成するときは、どちらの書き方をしてもいいけど、特別な理由がない限りはカラム名を省略した書き方をおススメするよ。

どうして？

カラム名を指定するINSERT文の場合、誤ってNULL（ヌル）値が入ってしまうことがあるんだ。

ヌル値？　スライムを思い出しちゃう。

NULL値はセルに値が入っていないことを表しているんだ。実際にNULL値が入るSQL文を実行してみよう。

NULL値について学ぼう

次のSQL文はカラム名を列挙したINSERT文です。INSERT文のあとに続けてSELECT文を実行してみましょう。

chap4-4.sql

```
INSERT INTO sales (date, item_name, item_count, price)
VALUES ('2023-04-16', 'ブドウ', 1, 500);
SELECT * FROM sales;
```

出力結果

```
date        item_name  item_count  price  customer
----------  ---------  ----------  -----  --------
2023-04-10  リンゴ       3            360    ウサ田
2023-04-10  ブドウ       1            500    クマ井
2023-04-10  バナナ       2            400    サル橋
2023-04-11  リンゴ       5            600    サル橋
2023-04-12  イチゴ       2            800    イヌ山
2023-04-12  バナナ       3            600    サル橋
2023-04-13  バナナ       2            400    ウサ田
2023-04-14  イチゴ       2            800    ネコ村
2023-04-15  イチゴ       2            800    クマ井
2023-04-15  イチゴ       1            400    ウサ田
2023-04-16  ブドウ       1            500
```

あ！　何も表示されていないセルがある。

SQL文をよく見てみるとカラム名にcustomerがないし、値も1つ足りないんだ。

customerがない！

```
INSERT INTO sales (date, item_name, item_count, price)

VALUES ('2023-04-16', 'ブドウ', 1, 500);
```

値が1つ足りない！

カラム名を省略したINSERT文の場合、データの入れ漏れ（NULL値）を防ぐことができるんだ。試しに次のSQL文を実行してごらん。

chap4-5.sql

```
INSERT INTO sales VALUES ('2023-04-16', 'バナナ', 2, 400);
```

出力結果

```
sqlite> INSERT INTO sales VALUES ('2023-04-16', 'バナナ', 2, 400);
Parse error: table sales has 5 columns but 4 values were supplied
sqlite>
```

Parseエラーは、SQL文の構文に誤りがあると発生するエラーだね。メッセージは「salesテーブルには5つのカラムがあるが、指定された値は4つ」って意味だから……。

はっ！　入れようとしたデータの数が足りないから、エラーになってデータの作成に失敗したんだ。

そのとおりだよ。カラム名を省略すときは、カラムの数と値の数が一致していないとダメなんだ。

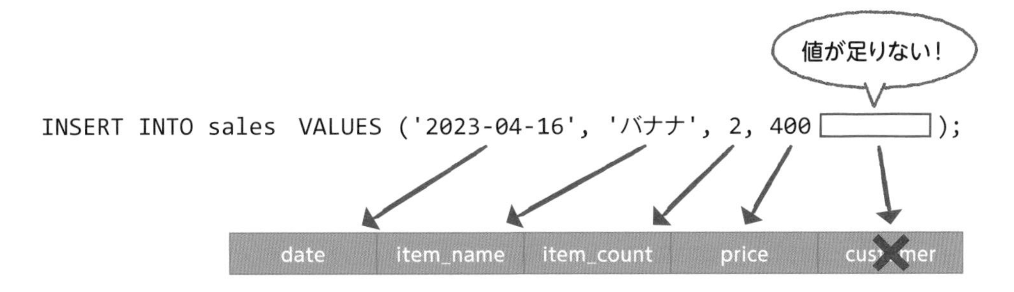

あえてNULL値を入れたい場合以外は、カラム名を省略したINSERT文を作ろう。

NULL値があるときのCOUNT関数

P.82 で説明した COUNT 関数を使うと、レコードの件数を数えられます。引数に「*」を指定した場合はすべてのレコード件数を数えますが、カラム名を引数にした場合は NULL 値以外の値が入ったレコード数を数えます。chap4-3.sql の SQL 文を実行した直後に次の SQL 文を実行すると、COUNT 関数の結果が異なることがわかります。

chap4-6.sql

```
SELECT COUNT(*), COUNT(customer) FROM sales;
```

出力結果

```
COUNT(*)  COUNT(customer)
--------  ---------------
11        10
```

LESSON 18

MEMO

NULL値を持つデータの探し方

指定したカラムにNULL値が入っているかどうかは、IS NULL演算子で調べられます。WHERE句でカラム名のあとにIS NULLを書きます。

chap4-7.sql

```
SELECT date, item_name, item_count, price
FROM sales WHERE customer IS NULL;
```

出力結果

```
date        item_name  item_count  price
----------  ---------  ----------  -----
2023-04-16  ブドウ       1            500
```

MEMO

コメント機能

1章のLESSON 04で説明したように、SQLiteはテキストファイルから読み込んだSQL文を実行できます。テキストファイルにSQL文を書いて整理する場合、SQL文の働きがわかるようにしたいものです。そこで利用するのがコメント機能です。/* から */ の範囲はコメントと呼ばれ、SQL文の一部とは見なされません。SQL文に注釈を付けたい場合に、コメント機能を利用するとよいでしょう。

コメントの例

```
/*salesテーブルからデータを取り出す*/
SELECT * FROM sales;
```

データを復元しよう

ひとまずここで、INSERT文を実行する前の状態へとデータベースを復元させましょう。せっかくですので、ここまでの状態をsample2.backとしてバックアップしてから、P.121で説明した.restoreコマンドで復元を行います。コマンドを実行したあと、SELECT文で復元されたかも確認しておきましょう。

chap4-8.sql

```
.backup sample2.back
.restore sample.back
SELECT * FROM sales;
```

出力結果

```
date        item_name  item_count  price  customer
----------  ---------  ----------  -----  --------
2023-04-10  リンゴ       3           360    ウサ田
2023-04-10  ブドウ       1           500    クマ井
2023-04-10  バナナ       2           400    サル橋
2023-04-11  リンゴ       5           600    サル橋
2023-04-12  イチゴ       2           800    イヌ山
2023-04-12  バナナ       3           600    サル橋
2023-04-13  バナナ       2           400    ウサ田
2023-04-14  イチゴ       2           800    ネコ村
```

もとに戻ったぞー。

データを変更するとき、誤ったデータを作成したり、更新するデータを間違えたりするのが心配な場合は、バックアップファイルを作っておいて、いつでも復元できるようにしておこう。

LESSON 19

データを更新しよう

データベースに作成したデータはあとから更新することが可能です。
UPDATE 文を使ってデータを更新してみましょう。

次はデータの更新についてだね。

データの更新ってどういうときにするんだろう？

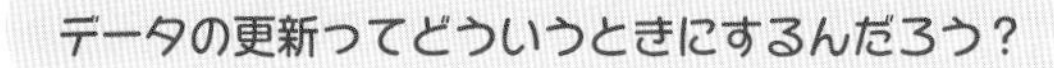

そうだなぁ。例えば、商品の在庫数をデータベースで管理している場合、商品が購入されたときに在庫数を減らしたり、商品が補充されたときに在庫数を増やしたりする場合にデータの更新が必要になるよ。

なるほどー。インターネットショッピングでお洋服を買ったときも在庫数が減ってるってことね。

ほかにもINSERT文で間違ってデータを作成した場合に、修正するのも更新にあたるかな。

間違えてデータを入れちゃうかもしれないから、ちゃんと更新の方法も勉強しておかなくちゃ！

UPDATE文を使ってみよう

UPDATE文の基本的な書式は次のとおりです。

書式：データを追加

```
UPDATE テーブル名 SET カラム名 = 値 WHERE 条件式;
```

UPDATEのあとにデータを変更したいテーブルを指定します。SETのあとにはデータを更新したいカラム名と入れたい値を「=」でつなぎます。「=」は右辺と左辺が同じかどうかを判定する働きがありますが、SETのあとに使う「=」は左辺のカラムに右辺の値を入れる働きがあります。そして最後にWHERE句を付けます。

次のSQL文を実行してみましょう。

chap4-9.sql

```
UPDATE sales SET date = '2023-04-15' WHERE date = '2023-04-14';
SELECT * FROM sales;
```


出力結果

```
date        item_name  item_count  price  customer
----------  ---------  ----------  -----  --------
2023-04-10  リンゴ       3           360    ウサ田
2023-04-10  ブドウ       1           500    クマ井
2023-04-10  バナナ       2           400    サル橋
2023-04-11  リンゴ       5           600    サル橋
2023-04-12  イチゴ       2           800    イヌ山
2023-04-12  バナナ       3           600    サル橋
2023-04-13  バナナ       2           400    ウサ田
2023-04-15  イチゴ       2           800    ネコ村
```

更新するデータの条件はdateカラムが「2023-04-14」のレコードだね。SET句でdateカラムに「2023-04-15」を指定しているよ。

更新前

date	item_name
2023-04-10	リンゴ
2023-04-10	ブドウ
2023-04-10	バナナ
2023-04-11	リンゴ
2023-04-12	イチゴ
2023-04-12	バナナ
2023-04-13	バナナ
2023-04-14	イチゴ

更新後

date	item_name
2023-04-10	リンゴ
2023-04-10	ブドウ
2023-04-10	バナナ
2023-04-11	リンゴ
2023-04-12	イチゴ
2023-04-12	バナナ
2023-04-13	バナナ
2023-04-15	イチゴ

あ、最後のデータが更新されたんだね。

複数の値を更新してみよう

SET句を「,」で区切ることで、複数の値を更新することも可能です。

書式：データの更新

```
UPDATE テーブル名 SET カラム名1 = 値1, カラム名2 = 値2 WHERE 条件式;
```

それでは次のSQL文で複数の値を更新してみましょう。

chap4-10.sql

```
UPDATE sales SET item_count = 1, price = 400
WHERE item_name = 'イチゴ' AND customer = 'ネコ村';
SELECT * FROM sales;
```

出力結果

```
date        item_name  item_count  price  customer
----------  ---------  ----------  -----  --------
2023-04-10  リンゴ         3         360    ウサ田
2023-04-10  ブドウ         1         500    クマ井
2023-04-10  バナナ         2         400    サル橋
2023-04-11  リンゴ         5         600    サル橋
2023-04-12  イチゴ         2         800    イヌ山
2023-04-12  バナナ         3         600    サル橋
2023-04-13  バナナ         2         400    ウサ田
2023-04-15  イチゴ         1         400    ネコ村
```

更新対象の条件は、item_nameカラムが「イチゴ」、customerカラムが「ネコ村」だよ。そしてSET句により、対象レコードのitem_countカラムが「1」、priceカラムが「400」に更新されるよ。

更新前

date	item_name	item_count	price	customer
2023-04-10	リンゴ	3	360	ウサ田
2023-04-13	バナナ	2	400	ウサ田
2023-04-15	イチゴ	2	800	ネコ村

更新後

date	item_name	item_count	price	customer
2023-04-10	リンゴ	3	360	ウサ田
2023-04-13	バナナ	2	400	ウサ田
2023-04-15	イチゴ	1	400	ネコ村

LESSON 19

UPDATE文でWHERE句を忘れた場合

UPDATE文を使う際は、WHERE句で更新するデータの条件を指定しましょう。条件の指定を忘れると、SET句で指定したカラムの値がすべて同じになってしまいます。

試しに、次のSQL文を実行してみましょう。

chap4-11.sql

```
UPDATE sales SET date = '2023-04-16';
SELECT * FROM sales;
```

出力結果

```
date        item_name  item_count  price  customer
----------  ---------  ----------  -----  --------
2023-04-16  リンゴ       3            360    ウサ田
2023-04-16  ブドウ       1            500    クマ井
2023-04-16  バナナ       2            400    サル橋
2023-04-16  リンゴ       5            600    サル橋
2023-04-16  イチゴ       2            800    イヌ山
2023-04-16  バナナ       3            600    サル橋
2023-04-16  バナナ       2            400    ウサ田
2023-04-16  イチゴ       1            400    ネコ村
```

うわぁ！　日付が全部「2023-04-16」に変わっちゃった。

条件を指定していないから、dateカラムのデータがすべて更新されたんだ。UPDATE文でもWHERE句を使って、更新するデータの条件を指定できるよ。レストアして変更する前の状態に戻しておこう。

chap4-12.sql

```
.restore sample.back
```

データを削除しよう

データの削除には DELETE 文を使います。削除してはいけないデータは削除しないよう条件はしっかりと確認しましょう。

次が基本機能の最後であるデータの削除だね。

データの削除も使いそうだから覚えておかなくちゃ！

そうなんだ。

たまーにだけど、お客さんの都合で商品が返品されちゃうときがあるの。

なるほど、返品となると売上情報から削除が必要になるね。ただ、データを削除するDELETE文でデータを削除すると、バックアップファイルがない限りもとには戻せないから細心の注意が必要だよ。

ちょっと緊張してきた……！

DELETE文で指定した条件のレコードを削除する

データを削除するためのSQL文はDELETE文です。

書式：データの削除

```
DELETE FROM テーブル名 WHERE 条件式;
```

SELECT文と同じように、FROM句でデータを削除したいテーブルを指定します。そして、WHERE句で削除したいデータの条件を指定します。

次のDELETE文は、WHERE句でdateカラムが「2023-04-10」のレコードが削除対象です。

chap4-13.sql

```
DELETE FROM sales WHERE date = '2023-04-10';
SELECT * FROM sales;
```

出力結果

```
date        item_name  item_count  price  customer
----------  ---------  ----------  -----  --------
2023-04-11  リンゴ         5          600    サル橋
2023-04-12  イチゴ         2          800    イヌ山
2023-04-12  バナナ         3          600    サル橋
2023-04-13  バナナ         2          400    ウサ田
2023-04-14  イチゴ         2          800    ネコ村
```

ちゃんとdateカラムが「2023-04-10」のレコードだけが削除されているね。

削除したいレコードをしぼりたい場合、WHERE句で複数の条件式を組み合わせよう。

date	item_name	item_count	price	customer
2023-04-10	リンゴ	3	360	ウサ田
2023-04-10	ブドウ	1	500	クマ井
2023-04-10	バナナ	2	400	サル橋
2023-04-11	リンゴ	5	600	サル橋
2023-04-12	イチゴ	2	800	イヌ山
2023-04-12	バナナ	3	600	サル橋
2023-04-13	バナナ	2	400	ウサ田
2023-04-14	イチゴ	2	800	ネコ村

DELETE文ですべてのレコードを削除する

DELETE文でWHERE句を使わなかった場合、すべてのレコードが削除されます。次のSQL文で試してみましょう。

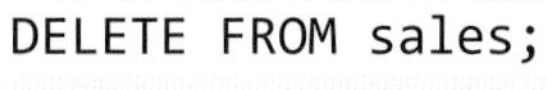

chap4-14.sql

```
DELETE FROM sales;
SELECT * FROM sales;
```

出力結果

```
sqlite> DELETE FROM sales;
sqlite> SELECT * FROM sales;
sqlite>
```

SELECTを実行しても何も表示されないのは、テーブルが空っぽである証拠だよ。

WHERE句がないと全部削除されちゃうのか……！　付け忘れないように注意しないとだね。

LESSON 20

テーブルを削除する

最後にテーブルを削除するDROP TABLE（ドロップ テーブル）文を説明しましょう。次のようにDROP TABLEに続けて、削除したいテーブル名を指定します。

書式：指定したテーブルを削除する

```
DROP TABLE テーブル名;
```

次のDROP TABLE文を実行するとsalesテーブルが削除されます。実行したあと.tablesコマンドでテーブルの一覧を表示させましょう。

chap4-15.sql

```
DROP TABLE sales;
.tables
```

出力結果

```
sqlite> DROP TABLE sales;
sqlite> .tables
sqlite>
```

.tablesコマンドを実行しても何も表示されないってことは、テーブルが１つもないってことなのかな。

そのとおり。DROP TABLE文もデータを削除する機能の１つだね。あまり使うことはないと思うけど、テーブルを削除できるってことを覚えておいてね。それじゃここでも、レストアして変更する前の状態に戻しておこう。

chap4-16.sql

```
.restore sample.back
```

第5章
複数のテーブルで
データを管理しよう
新しく複数のテーブルを作って、
複数のテーブルから
まとめてデータを取り出す
方法を見てみよう！
いろいろ
できそう！
OPEN

ショック！！
ど……どうしたの？

どんぐりや果物には
産地があるのよね……。
あーそうだね。

この情報は
もうテーブルに
追加できないよね……。
ハ
ア…

そうだなぁ。
必要なデータを見直して
テーブルを新しく作ったほうが
いいかもね。

フ
ム
なるほど。

作り直しついでに
複数のテーブルを作って、
複数のテーブルから
まとめてデータを取り出す
方法も見ていこう。
おっけー！

この章でやること

テーブルの作り方を学ぼう

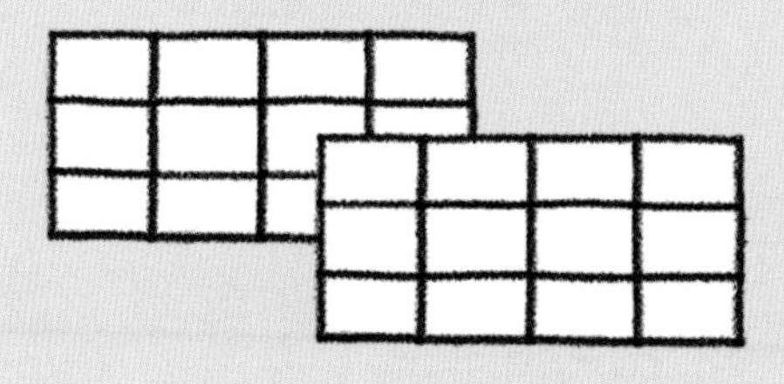

決まりごとを
押さえておこう。

2つのテーブルを結合してデータを取り出す

結合！？

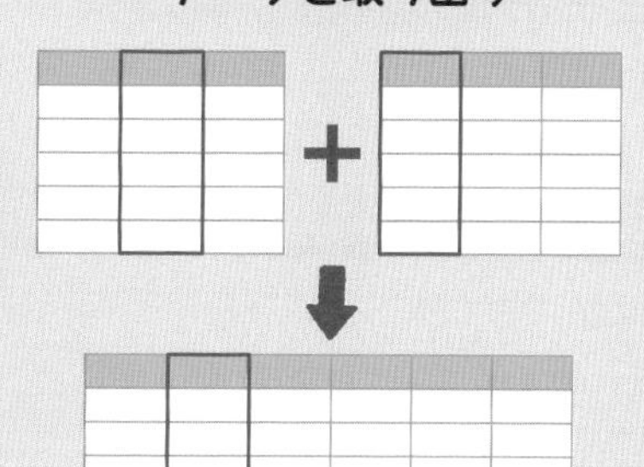

書き出したデータを Excel に入れる

	A	B	C	D	E
1	date	item_id	item_name	item_count	customer
2	2023/4/10	6	リンゴ	3	ウサ田
3	2023/4/10	4	ブドウ	1	クマ井
4	2023/4/10	7	バナナ	2	サル橋
5	2023/4/11	6	リンゴ	5	サル橋
6	2023/4/12	8	イチゴ	2	イヌ山
7	2023/4/12	7	バナナ	3	サル橋
8	2023/4/13	7	バナナ	2	ウサ田
9	2023/4/14	8	イチゴ	2	ネコ村
10					

わーい！

Intro
duction

LESSON 21

新しいテーブルを考えよう

より売上情報が管理しやすくなるように、新しいテーブルの構造を考えましょう。

ここまで先生にいろいろと教えてもらって申し訳ないんだけど、このままの状態ではデータベースは使えないかもしれない……。

何か問題があるのかい？

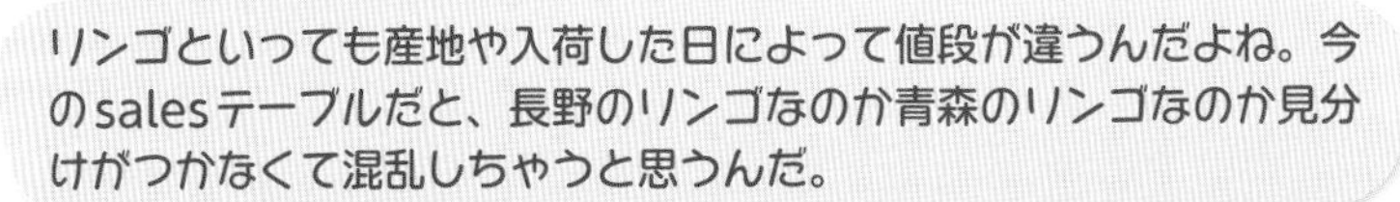

リンゴといっても産地や入荷した日によって値段が違うんだよね。今のsalesテーブルだと、長野のリンゴなのか青森のリンゴなのか見分けがつかなくて混乱しちゃうと思うんだ。

そうなのか！　それならエリちゃんが理想とするデータベースに作り直そう。

え！　いいの？

いつもおいしい木の実や果物を売ってくれるお礼だよ。

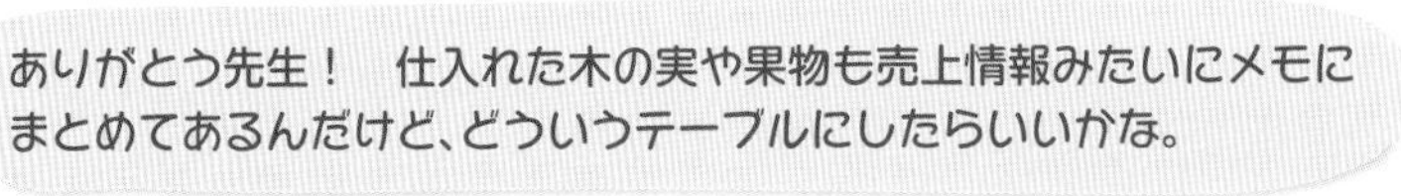

ありがとう先生！　仕入れた木の実や果物も売上情報みたいにメモにまとめてあるんだけど、どういうテーブルにしたらいいかな。

売上情報

日付：2023年4月10日
商品：リンゴ
個数：3個
代金：360円
購入者：ウサ田さん

商品情報

商品：リンゴ
価格：140円
産地：長野
入荷日：2023/4/3

商品：リンゴ
価格：120円
産地：青森
入荷日：2023/4/9

ふむふむ。商品である木の実や果物ごとに、値段、産地、入荷日があるんだね。それなら売上を管理するテーブルと、商品情報を管理するテーブルの２つにデータを分けよう。

え！　テーブルを２つ作るの!?

RDBMSではデータの種別ごとにテーブルを分けてデータを管理するんだ。テーブルを作る前に、テーブルに付ける名前やカラム名のルールを確認しておこう。

テーブル名とカラム名の命名規則

２章で「テーブルの名前や見出しは日本語にしちゃいけないの？」って聞かれたけど、先生がなんて答えたか覚えているかい？

たしか「RDBMSの種類によっては日本語の名前も付けられるけど、どんなRDBMSでも使えるSQL文を作れるように英語の名前を付けたほうがいい」だったっけ？

そのとおり。名前を付けるルールは命名規則と呼ばれるんだけど、英語の名前を付ける以外にもいくつかルールがあるんだ。

●半角のアルファベット、数字、_（アンダースコア）を使う

a〜zとA〜Zのアルファベット、0〜9の数字、「_（アンダースコア）」を組み合わせて、テーブル名やカラム名を付けます。前述のとおり、全角のひらがなや漢字なども使えますが、RDBMSによっては使用できないため避けたほうがよいでしょう。

また読みやすくするため、日本語のローマ字表記ではなく、英単語を使用するようにしましょう。

良い例

name、item_id、type1

悪い例

名前、種類1、namae

●小文字のアルファベット、大文字のアルファベットのどちら

通例として、すべて小文字、もしくはすべて大文字のアルファベットで統一します。本書では、キーワードと見分けやすくするため、すべて小文字で統一しています。

良い例

customer、item_id

悪い例

Customer、ItemID

●名前はアルファベットではじめ、単語は「_」で区切る

SQLiteでは、数字からはじまる名前を付けられません。必ずアルファベットからはじまる名前を付けましょう。また複数の単語を組み合わせた名前を付けたい場合は、単語を「_」で区切ります。

良い例

item_name、item_id

悪い例

itemname、1name

●テーブル名の重複や、テーブル内でのカラム名重複はNG

同じ名前のテーブルは作れないため、個々に違う名前を付ける必要があります。また同一テーブル内で、カラム名の重複も禁止です。異なるテーブル間であれば、同じカラム名があっても問題ありません。

●キーワードとの重複を避ける

キーワード（keywords）とはあらかじめSQLiteで用途が決まっている単語です。これまでのSQL文で使用したSELECT、INSERT、UPDATEなどがキーワードに該当します。SQLiteのキーワードは下記の公式ページから確認できます。

<SQLiteのキーワード>
https://www.sqlite.org/lang_keywords.html

テーブルの構造を決めよう

それじゃ、命名規則も踏まえて、2つのテーブルの構造とテーブル名とカラム名を整理しよう。

売上情報はsalesテーブルでいいとして、商品情報は……商品とか品目って意味のitemにしようかな。

それがいいんじゃないかな。商品は識別するためのIDを付けてデータを管理しようか。あとエリちゃんに確認なんだけど、売上情報にある代金は売上情報の個数と、商品情報の価格をかけたものかな？

そうだよー。

ふむふむ。それなら新しく売上情報を入れるsalesテーブルには、代金を入れない形にしておこう。あとは……商品名ではなく商品IDを入れようか。

salesテーブル

date	item_id	item_count	customer
2023-04-10	6	3	ウサ田
2023-04-10	4	1	クマ井
2023-04-10	7	2	サル橋
2023-04-11	6	5	サル橋
2023-04-12	8	2	イヌ山
2023-04-12	7	3	サル橋
2023-04-13	7	2	ウサ田
2023-04-14	8	2	ネコ村

itemテーブル

item_id	item_name	price	farm	date
1	ブドウ	480	長野	2023-04-01
2	イチゴ	460	熊本	2023-04-01
3	リンゴ	140	長野	2023-04-03
4	ブドウ	500	山梨	2023-04-03
5	イチゴ	500	福岡	2023-04-05
6	リンゴ	120	青森	2023-04-09
7	バナナ	200	沖縄	2023-04-09
8	イチゴ	400	栃木	2023-04-09

えー？　代金を入れておかないと集計できないんじゃない？

実はいい方法があるから、テーブルを作ったあとに説明するよ。

既存のテーブル名を変更しよう

新しい sales テーブルを作る準備として、今ある sales テーブルを別の名前に変更しましょう。

salesテーブルのカラムが変わるから、前のテーブルはDROP TABLE文で削除する感じかな。

大丈夫。今のsalesテーブルは消さずに残しておけるよ。

え？　同じ名前のテーブルは作れないんじゃなかったっけ。

実はテーブルの名前はあとから変えられるんだ。今あるsalesテーブルを別の名前に変えれば、新しくsalesテーブルを作れるよ。

なるほど！

勉強がてら、テーブルの名前を変えるSQL文を試してみよう。

既存のテーブル名を変更しよう

新しいsalesテーブルを作るために、今までのsalesテーブルは「old_sales」という名前に変更します。テーブルの名前はALTER（アルター）文で変更します。

書式：テーブル名を変更する

```
ALTER TABLE テーブル名 RENAME TO 新しいテーブル名;
```

ALTERは「変更する」、RENAME（リネーム）は「名前を変える」という意味があります。TABLEのあとに名前を変更したいテーブル名、TOのあとに新しいテーブル名を指定します。

次のSQL文を実行すると、salesテーブルの名前が「old_sales」に変わります。変更したあと、SELECT文でold_salesテーブルのデータを取り出せるか確認しましょう。

chap5-1.sql

```
ALTER TABLE sales RENAME TO old_sales;
SELECT * FROM old_sales;
```

出力結果

```
date        item_name  item_count  price  customer
----------  ---------  ----------  -----  --------
2023-04-10  リンゴ       3           360    ウサ田
2023-04-10  ブドウ       1           500    クマ井
2023-04-10  バナナ       2           400    サル橋
2023-04-11  リンゴ       5           600    サル橋
2023-04-12  イチゴ       2           800    イヌ山
2023-04-12  バナナ       3           600    サル橋
2023-04-13  バナナ       2           400    ウサ田
2023-04-14  イチゴ       2           800    ネコ村
```

テーブル自体は消さずに、別の名前にしておけば、すぐに前のsalesテーブルを確認できるぞ。

そっか、テーブルの名前を変えておけば、データをそのまま残しておけるってことね。

LESSON 23

テーブルを作ってデータを入れよう

LESSON21 で考えた構造のテーブルを作って、データを入れましょう。

それじゃあ、新しくsalesテーブルとitemテーブルを作ろうか。

はーい！　１章でもテーブルを作ったけど、それと同じやつを使うのかな。

CREATE文のことだね。CREATE文は使うんだけど、新しく作るテーブルには間違った入力を防ぐための設定をしようと思っているんだ。

そんな機能もあるんだ！　テーブルが２つもあるから、間違えて入力しちゃうのが心配だったんだよね。

カラムに対して制約と呼ばれる設定をすることで、テーブルに入れるデータに条件を設定できるんだよ。

CREATE文について学ぼう

データベースにテーブルを作るためにはCREATE（クリエイト）文を使います。テーブル名のあとには( )に、カラム名を「,（カンマ）」で区切って書きます。またカラムには、後述する（P.155、P.156）データ型と制約を指定します。

書式：テーブルの作成

```
CREATE TABLE テーブル名 (
カラム名1 データ型 制約,
カラム名2 データ型 制約,
...
);
```

それでは、1章で使用した「chap1_sales.sql」に記述されているCREATE文を確認してみましょう。

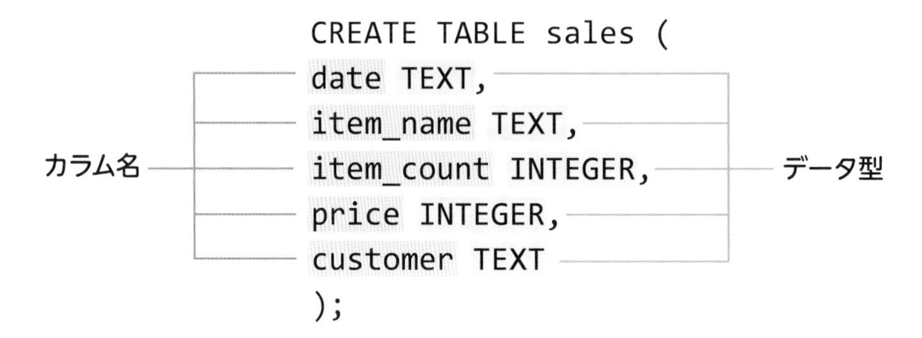
CREATE TABLE sales (
date TEXT,
item_name TEXT,
item_count INTEGER,
price INTEGER,
customer TEXT
);
カラム名
データ型

このSQL文は制約の部分に何も書かれていないんだね。

カラムに制約を設定しない場合は、カラム名とデータ型の組み合わせだけを指定するよ。データベースの操作ミスを防ぐためには、カラムに入れるデータの種類や、どんな制約を付けるかを考えよう。

データの種類とか制約とか、なんだか難しそうだけど……。

とりあえず、データ型は5つ、制約は2つだけ押さえておけば大丈夫だよ。

データの種類

データベースで扱うデータには、「数値」「文字列」などの種類があります。このデータの種類のことをデータ型と呼びます。ここまでに扱ってきたデータは、整数のINTEGER型、文字列のTEXT型ですが、それ以外にも次のような型があります。

データ型

型	意味
NULL	何もデータが入っていなことを表すNULL値のこと
TEXT	文字列
INTEGER	整数
REAL	浮動小数点数
BLOB	Binary Large OBjectの略で、バイナリデータのこと

売れた商品の個数や価格は、数値だからINTEGER型。商品名やお客さんの名前は、文字列だからTEXT型。日付は数字が入ってはいるけど、記号の「-」が入っているから文字列であるTEXT型にしているよ。

そういえば、P.129でNULLは出てきたね。ほかのREAL型とBLOB型は、具体的にどんなデータが入るの？

REAL型は、0.1や0.321のように小数点以下の数値があるデータ。BLOB型は画像とか音声データなどの、バイナリデータと呼ばれる特殊な形式のデータだよ。どちらも新しいテーブルでは使わない型だから、ひとまずINTEGER型とTEXT型、NULL型を覚えておいてほしいな。

りょーかい！　その3つだけ覚えておくね。

RDBMSごとにデータ型が異なる

ここで紹介したデータ型は、SQLiteで使えるデータ型です。データ型はRDBMSによって異なるので、ほかのRDBMSを利用する場合はそのRDBMSで使える型を指定してください。例えば、MySQLであれば日付を入れるためのDATE型が用意されています。

制約の種類

制約はデータベースのテーブルに対して、設定するルールのようなもので、データの整合性や一貫性を維持するために使用します。制約を設定すると、不正なデータの追加や更新を防げます。制約はいくつか種類がありますが、ここでは主キー制約とNOT NULL制約について説明します。

●主キー制約

主キー制約は、テーブル内の各レコードを一意に識別するためのルールで、主キーに設定されたカラムは値の重複とNULL値が禁止されます。主キー制約が設定されたカラムは主キーと呼ばれます。

主キー制約を設定する場合、次のように「PRIMARY KEY」をデータ型のあとに書きます。

書式：主キー制約の設定

```
カラム名 データ型 PRIMARY KEY
```

新しく作るitemテーブルのitem_idカラムのデータは、どの商品かを判別するために使いたいから、値が重複しないようにしたいんだ。

INSERT INTO item VALUES (7, スイカ, 600, '2023-04-10')

item_id	item_name	price	farm	date
1	ブドウ	480	長野	2023-04-01
2	イチゴ	460	熊本	2023-04-01
3	リンゴ	140	長野	2023-04-03
4	ブドウ	500	山梨	2023-04-03
5	イチゴ	500	福岡	2023-04-05
6	リンゴ	120	青森	2023-04-09
7	バナナ	200	沖縄	2023-04-09
8	イチゴ	400	栃木	2023-04-09

itemテーブル

だからこんな感じで、item_idカラムに主キー制約を設定すると値の重複が禁止されて、同じ値を入れられなくなるよ。

item_idカラムの値が重複しないなら、item_idカラムのデータだけで、商品や価格が探せるってことね。

● NOT NULL 制約

NOT NULL制約が設定されたカラムは、NULL値の使用が禁止されます。そのため、必ずデータが入っていることが保証されます。

NOT NULL制約を設定する場合、次のように「NOT NULL」をデータ型のあとに書きます。

書式：NOT NULL 制約の設定

```
カラム名 データ型 NOT NULL
```

P.129のINSERT文ではNULL値が入ってしまったけど、NOT NULL制約を設定すると、データの追加漏れが防げるよ。

INSERT INTO item SET (item_id, item_name, farm)
VALUES (9, スイカ,'沖縄','2023-04-10')

カラム名にdateがなく、その値もない！

NOT NULL 制約を設定

item_id	item_name	price	farm	date
1	ブドウ	480	長野	2023-04-01
2	イチゴ	460	熊本	2023-04-01
8	イチゴ	400	栃木	2023-04-09

テーブルの構造を整理しよう

SQL文を作る前に、テーブルのカラム名とデータ型、制約を整理しておきましょう。salesテーブルはすべてのカラムに対して、NOT NULL制約を設定します。

salesテーブル

主キー	カラム名	データ型	NULL許可
	date	TEXT	×
	item_id	INTEGER	×
	item_count	INTEGER	×
	customer	TEXT	×

itemテーブルは、item_idの値が重複せずまたNULLにならないように、主キー制約を付けます。またそれ以外のカラムはNOT NULL制約を付けます。

itemテーブル

主キー	カラム名	データ型	NULL許可
○	item_id	INTEGER	×
	item_name	TEXT	×
	price	INTEGER	×
	farm	TEXT	×
	date	TEXT	×

テーブルのカラムやデータ型、制約がひと目でわかるっていいね。

うむ。テーブルを作るときは、情報を整理しておくことをおすすめするよ。

新しいテーブルを作ろう

それではsalesテーブルとitemテーブルを作るSQL文を実行していきましょう。まずはsalesテーブルです。

chap5-2.sql

```
CREATE TABLE sales (
date TEXT NOT NULL,
item_id INTEGER NOT NULL,
item_count INTEGER NOT NULL,
customer TEXT NOT NULL
);
```

実行しても何も表示されない場合、テーブルの作成は成功しているはずです。続けて、itemテーブルも作りましょう。

chap5-3.sql

```
CREATE TABLE item (
item_id INTEGER PRIMARY KEY,
item_name TEXT NOT NULL,
price INTEGER NOT NULL,
farm TEXT NOT NULL,
date TEXT NOT NULL
);
```

.tableコマンドで、ちゃんとテーブルができているか確認してみよう。

【入力コマンド】テーブルの一覧を表示する

```
.tables
```

出力結果

```
item        old_sales   sales
```

よかったー。ちゃんと作れてるみたい。

よし、そしたら次は作りたてのテーブルにデータを入れよう。

新しいテーブルにデータを作成しよう

続いて、INSERT文でsalesテーブルとitemテーブルにデータを入れます。salesテーブルに入れるデータと、itemテーブルに入れるデータはP.150の表にそれぞれまとめている内容です。

まずは、salesテーブルからデータを追加しましょう。

chap5-4.sql

```
INSERT INTO sales VALUES ('2023-04-10', 6, 3, 'ウサ田');
INSERT INTO sales VALUES ('2023-04-10', 4, 1, 'クマ井');
INSERT INTO sales VALUES ('2023-04-10', 7, 2, 'サル橋');
INSERT INTO sales VALUES ('2023-04-11', 6, 5, 'サル橋');
INSERT INTO sales VALUES ('2023-04-12', 8, 2, 'イヌ山');
INSERT INTO sales VALUES ('2023-04-12', 7, 3, 'サル橋');
INSERT INTO sales VALUES ('2023-04-13', 7, 2, 'ウサ田');
INSERT INTO sales VALUES ('2023-04-14', 8, 2, 'ネコ村');
```

続いてitemテーブルです。

chap5-5.sql

```
INSERT INTO item VALUES (1, 'ブドウ', 480, '長野', '2023-04-01');
INSERT INTO item VALUES (2, 'イチゴ', 460, '熊本', '2023-04-01');
INSERT INTO item VALUES (3, 'リンゴ', 140, '長野', '2023-04-03');
INSERT INTO item VALUES (4, 'ブドウ', 500, '山梨', '2023-04-03');
INSERT INTO item VALUES (5, 'イチゴ', 500, '福岡', '2023-04-05');
INSERT INTO item VALUES (6, 'リンゴ', 120, '青森', '2023-04-09');
INSERT INTO item VALUES (7, 'バナナ', 200, '沖縄', '2023-04-09');
INSERT INTO item VALUES (8, 'イチゴ', 400, '栃木', '2023-04-09');
```

データがちゃんと入ったかも確認してみよう。

SELECT文の出番ね。

chap5-6.sql

```
SELECT * FROM sales;
```

出力結果

```
date        item_id  item_count  customer
----------  -------  ----------  --------
2023-04-10  6        3           ウサ田
2023-04-10  4        1           クマ井
2023-04-10  7        2           サル橋
2023-04-11  6        5           サル橋
2023-04-12  8        2           イヌ山
2023-04-12  7        3           サル橋
2023-04-13  7        2           ウサ田
2023-04-14  8        2           ネコ村
```

salesテーブルの次はitemテーブルね。

chap5-7.sql

```
SELECT * FROM item;
```

出力結果

```
item_id  item_name  price  farm  date
-------  ---------  -----  ----  ----------
1        ブドウ       480   長野    2023-04-01
2        イチゴ       460   熊本    2023-04-01
3        リンゴ       140   長野    2023-04-03
4        ブドウ       500   山梨    2023-04-03
5        イチゴ       500   福岡    2023-04-05
6        リンゴ       120   青森    2023-04-09
7        バナナ       200   沖縄    2023-04-09
8        イチゴ       400   栃木    2023-04-09
```

どっちも問題なさそう。

これでCREATE文の使い方もバッチリだね！　せっかくだし、制約がちゃんと有効なのかも試してみようか。

テーブルに設定した制約が有効かを確認しよう

salesテーブルのすべてのカラムにはNOT NULL制約、itemテーブルはitem_idカラムに主キー制約、それ以外のカラムはNOT NULL制約を設定しました。試しに、これらの制約が有効なのかを確認してみましょう。

まずはsalesテーブルです。次のSQL文はVALUESのあとのカッコにデータが3つしかないため、実行に成功してしまうと4つ目のcustomerカラムにNULLが入ってしまいます。

chap5-8.sql

```
INSERT INTO sales (date, item_id, item_count)
VALUES ('2023- 04-15', 2, 3);
```

出力結果

```
Runtime error: NOT NULL constraint failed: sales.customer (19)
```

Runtime(ランタイム)エラーは、実行に失敗したことを表しているよ。そのあとの原因を表すメッセージは「NOT NULL 制約が失敗しました: sales.customer」という意味だね。customerカラムがNULLになってしまうからエラーになったんだ。つまり、NOT NULL制約が有効な証拠だよ。

やったー。

それでは次に、次のSQL文を実行してみましょう。itemテーブルに対し、データの追加を行うSQL文です。

chap5-9.sql

```
INSERT INTO item VALUES (7, 'スイカ', 600, '千葉', '2023-04-10');
```

出力結果

```
Runtime error: UNIQUE constraint failed: item.item_id (19)
```

LESSON 23

さっきとは違うメッセージだ。

今度のRuntimeエラーも、実行に失敗したことを表しているよ。その次は「UNIQUE(ユニーク)制約が失敗した:item_id」という意味。ユニークは一意って意味があって、値が重複していることがエラーの原因だよ。

item_idが「7」のレコードはすでにあるから、実行に失敗したってことね！　ちゃんと主キー制約も有効みたい。

LESSON 24

テーブルを結合してデータを取り出そう

データベースは、複数のテーブルを結合させて1つのテーブルであるかのようにデータを取り出せるので試してみましょう。

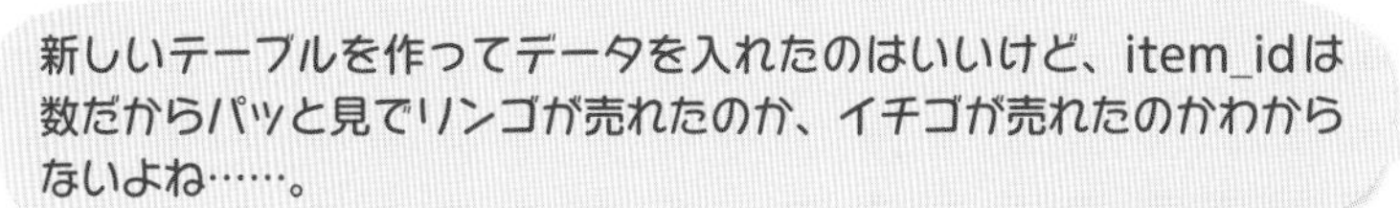

新しいテーブルを作ってデータを入れたのはいいけど、item_idは数だからパッと見でリンゴが売れたのか、イチゴが売れたのかわからないよね……。

大丈夫。テーブルを結合させれば、salesテーブルとitemテーブルにあるデータを同時に取り出せるんだ。

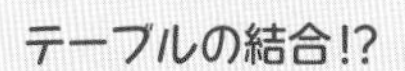

テーブルの結合!?

複数のテーブルを合体させることを結合というんだ。合体といってもSELECT文を実行したとき、一時的に合体するだけで、本当にテーブルが1つになるわけじゃないよ。

まるで戦隊モノのロボットみたい！

データベースに複数のテーブルがある場合、テーブルの結合は欠かせないしくみだよ。これが使いこなせれば、SQLの初級レベルはクリアだ！

これで初級レベルクリア?? やる気が出てきたぞ！

テーブルの結合

テーブルの結合とは、複数のテーブルを指定したカラムで関連付けて、テーブルを合体させることです。

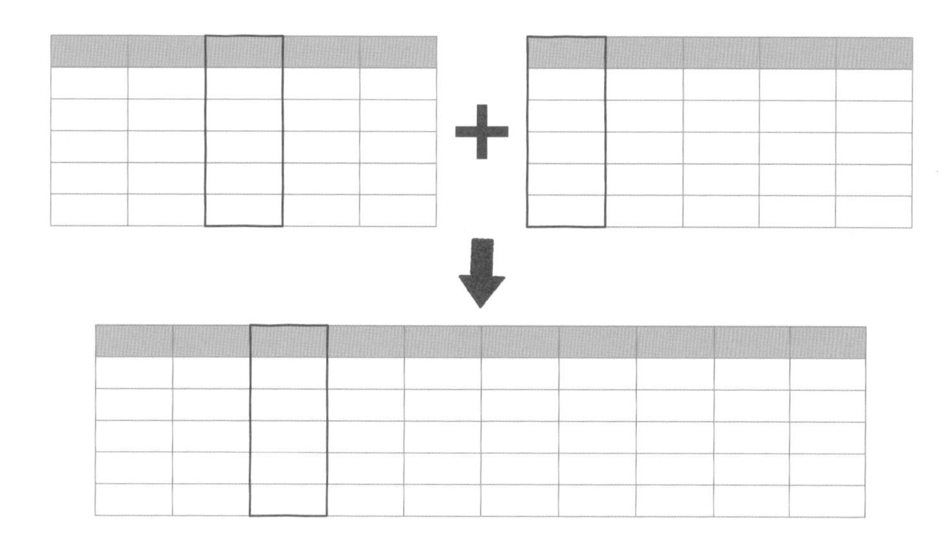

この機能を使うことで、別々のテーブルであるsalesテーブルとitemテーブルを結合し、1つのテーブルとしてデータを取り出すことができます。テーブルを結合する方法はいくつかあるのですが、本書ではもっとも利用頻度が高い内部結合で試してみましょう。

INNER JOIN句でテーブルを結合しよう

内部結合はINNER JOIN（インナー ジョイン）句を使います。INNER JOINはそのまま「内部結合」という意味です。

書式：テーブルの内部結合の基本

```
SELECT カラム名 FROM テーブル名1
INNER JOIN テーブル名2 ON テーブル名1.カラム名 = テーブル名2.カラム名;
```

INNER JOIN句はFROM句のあとに続けて、結合させたいもう片方のテーブルを指定し、さらにONのあとに関連付けたいカラム名を書きます。2つのテーブルに同じ名前のカラムがある場合は、テーブル名とカラム名を「.」でつなげて書きます。

それでは、salesテーブルとitemテーブルを結合させてみましょう。

chap5-10.sql

```
SELECT * FROM sales
INNER JOIN item ON sales.item_id = item. item_id;
```

出力結果

```
sqlite> SELECT * FROM sales
   ...> INNER JOIN item ON sales.item_id = item. item_id;
date        item_id  item_count  customer  item_id  item_name  price  farm  date
----------  -------  ----------  --------  -------  ---------  -----  ----  ----------
2023-04-10  6        3           ウサ田     6        リンゴ      120    青森   2023-04-09
2023-04-10  4        1           クマ井     4        ブドウ      500    山梨   2023-04-03
2023-04-10  7        2           サル橋     7        バナナ      200    沖縄   2023-04-09
2023-04-11  6        5           サル橋     6        リンゴ      120    青森   2023-04-09
2023-04-12  8        2           イヌ山     8        イチゴ      400    栃木   2023-04-09
2023-04-12  7        3           サル橋     7        バナナ      200    沖縄   2023-04-09
2023-04-13  7        2           ウサ田     7        バナナ      200    沖縄   2023-04-09
2023-04-14  8        2           ネコ村     8        イチゴ      400    栃木   2023-04-09
sqlite>
```

テーブルが合体した!!

INNER JOIN句でテーブルを結合させるときに大切なのが、どのカラムを関連付けるかということ。salesテーブルとitemテーブルは、同じ意味を持つitem_idカラムがあるから、関連付けるカラムとして指定しているんだ。

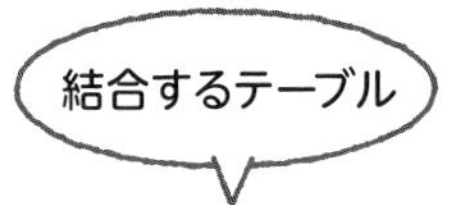


```
SELECT * FROM sales
INNER JOIN item ON sales.item_id = item.item_id;
```

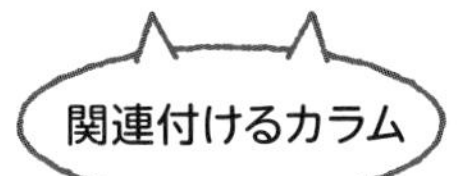

salesテーブル

date	item_id	item_count	customer
2023-04-10	6	3	ウサ田
2023-04-10	4	1	クマ井
2023-04-10	7	2	サル橋
2023-04-11	6	5	サル橋
2023-04-12	8	2	イヌ山
2023-04-12	7	3	サル橋
2023-04-13	7	2	ウサ田
2023-04-14	8	2	ネコ村

itemテーブル

item_id	item_name	price	farm	date
1	ブドウ	480	長野	2023-04-01
2	イチゴ	460	熊本	2023-04-01
3	リンゴ	140	長野	2023-04-03
4	ブドウ	500	山梨	2023-04-03
5	イチゴ	500	福岡	2023-04-05
6	リンゴ	120	青森	2023-04-09
7	バナナ	200	沖縄	2023-04-09
8	イチゴ	400	栃木	2023-04-09

同じ意味を持つカラムを指定しないと、テーブルが結合されず、何も出力されなくなってしまうから注意しよう。

売上情報と商品名を表示できたのはうれしいけど、itemテーブルのfarmやdataの情報まで出力されちゃうとちょっと邪魔かも。

さっきは「*」ですべてのカラムのデータを取り出すことを指定したけど、今度は取り出すカラムを個別に指定してみよう。

結合したテーブルに対してもデータを取り出すカラムを個別に指定できます。結合する2つのテーブルに同じ名前のカラムがある場合は、「テーブル名.カラム名」の形で指定します。どちらか片方にしかないカラムの場合は、テーブル名を省略できます。

LESSON 24

chap5-11.sql

```
SELECT sales.date, sales.item_id, item_name, item_count, customer
FROM sales INNER JOIN item ON sales.item_id = item.item_id;
```

出力結果

```
date        item_id  item_name  item_count  customer
----------  -------  ---------  ----------  --------
2023-04-10  6        リンゴ          3          ウサ田
2023-04-10  4        ブドウ          1          クマ井
2023-04-10  7        バナナ          2          サル橋
2023-04-11  6        リンゴ          5          サル橋
2023-04-12  8        イチゴ          2          イヌ山
2023-04-12  7        バナナ          3          サル橋
2023-04-13  7        バナナ          2          ウサ田
2023-04-14  8        イチゴ          2          ネコ村
```

代金はないけど、old_salesテーブルとほとんど同じ状態だ。

SELECT句で「*」を指定してしまうと、結合したテーブルの全カラムのデータが取り出されてしまうから、必要なカラムだけを指定してあげよう。

INNER JOIN句とWHERE句を組み合わせよう

INNER JOIN句で結合したテーブルに対して、WHERE句で取り出すデータの条件を指定できます。ON句のあとに続けて、WHERE句を書きます。

書式：テーブルを結合し、条件を指定してデータを取り出す

```
SELECT カラム名1, カラム名2, ... FROM テーブル名1
INNER JOIN テーブル名2 ON テーブル名1.カラム名 = テーブル名2.カラム名
WHERE 条件式;
```

次のSQL文を実行すると、salesテーブルとitemテーブルを結合したテーブルから、item_nameカラムの値が「リンゴ」のデータを取り出します。

chap5-12.sql

```
SELECT sales.date, sales.item_id, item_name, item_count, customer
FROM sales INNER JOIN item ON sales.item_id = item.item_id
WHERE item_name = 'リンゴ';
```

出力結果

```
date        item_id  item_name  item_count  customer
----------  -------  ---------  ----------  --------
2023-04-10  6        リンゴ        3          ウサ田
2023-04-11  6        リンゴ        5          サル橋
```

INNER JOIN句とWHERE句を組み合わせるとき、条件は結合したテーブルに対して付けられるんだ。

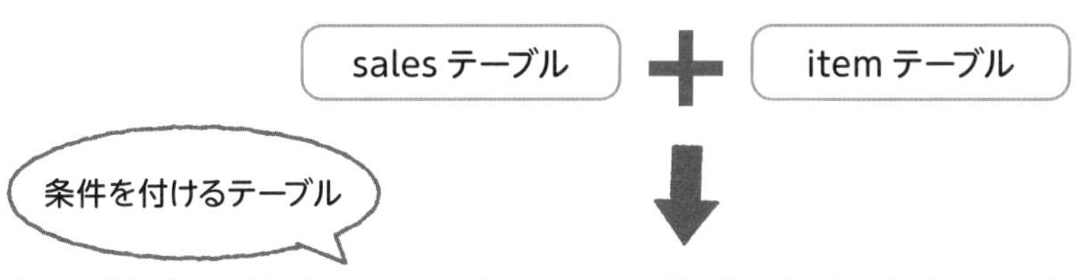

date	item_id	item_count	customer	item_id	item_name	price	farm	date
2023-04-10	6	3	ウサ田	6	リンゴ	120	青森	2023-04-09
2023-04-10	4	1	クマ井	4	ブドウ	500	山梨	2023-04-03
2023-04-10	7	2	サル橋	7	バナナ	200	沖縄	2023-04-09
2023-04-11	6	5	サル橋	6	リンゴ	120	青森	2023-04-09
2023-04-12	8	2	イヌ山	8	イチゴ	400	栃木	2023-04-09
2023-04-12	7	3	サル橋	7	バナナ	200	沖縄	2023-04-09
2023-04-13	7	2	ウサ田	7	バナナ	200	沖縄	2023-04-09
2023-04-14	8	2	ネコ村	8	イチゴ	400	栃木	2023-04-09

結合する前のsalesテーブルとitemテーブルに条件を付けるわけじゃないんだね。

WHERE句より先にINNER JOIN句とON句が実行されるから、条件を付けるテーブルはすでに結合された状態になるんだ。

INNER JOIN句はほかにもGROUP BY句、HAVING句、ORDER BY句とも組み合わせられるんだ。WHERE句以降の実行順序は、P.108の流れと同じだよ。

 INNER JOIN句とGROUP BY句を組み合わせよう

INNER JOIN句とWHERE句を組み合わせたときと同様に、結合したテーブルに対してグループ化を行います。結合したテーブルをsales.item_idカラムでグループ化し、SUM関数の引数にitem_countを指定してみましょう。

chap5-13.sql

```
SELECT sales.item_id, item_name, SUM(item_count)
FROM sales INNER JOIN item ON sales.item_id = item.item_id
GROUP BY sales.item_id;
```

出力結果

```
item_id  item_name  SUM(item_count)
-------  ---------  ---------------
4        ブドウ       1
6        リンゴ       8
7        バナナ       7
8        イチゴ       4
```

結合したテーブルでもグループ化できるから、集計関数を使って売れた個数もひと目でわかっていいね。

sales テーブル  item テーブル

結合したテーブルをグループ化

item_id	item_id	item_count
4	ブドウ	1
6	リンゴ	3
6	リンゴ	5
7	バナナ	2
7	バナナ	3
7	バナナ	2
8	イチゴ	2
8	イチゴ	2

テーブルを結合するときは、結合されたテーブルをイメージしたうえで、データをどう加工するか考えよう。

LESSON
25

テーブルのデータで計算をしよう

SQL文は足し算やかけ算などの四則計算を行えます。テーブルに作成したデータを使った数値の計算を行ってみましょう。

SQL文の最後の学習として、テーブルのデータを使って数値の計算をして、代金を求めよう。

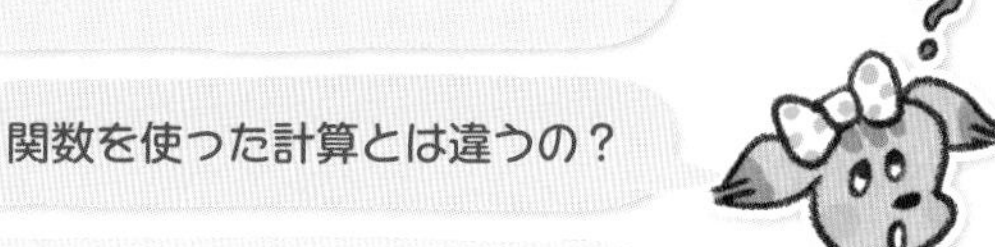
関数を使った計算とは違うの？

算数の授業でやるような単純な足し算やかけ算などの四則計算は、算術演算子を使って計算することができるんだ。

なんですと!?

salesテーブルとitemテーブルを結合して、結合したテーブルにある商品の値段と販売した個数でかけ算をすれば、代金が求められるってわけさ。

だから代金はテーブルに入れない形にしたのね。

まずは算術演算子の使い方を説明するから、そのあとにテーブルのデータを使って計算してみよう。

はーい！

算術演算子を使ってみよう

コンピュータ上で行う数値の計算は、算術演算といいます。そして算術演算に使用する記号が算術演算子です。足し算は、紙の上で行う計算と同じく「+」を使います。

次のSQL文は5足す5の計算を行います。SELECT文でテーブルを利用しない場合は、FROM句は付けません。

chap5-14.sql

```
SELECT 5 + 5;
```

出力結果

```
5 + 5
-----
10
```

ほぇ〜。ちゃんと5足す5で10になったってことね。引き算やかけ算も「-」や「÷」を使うのかな。

足し算と引き算は「+」と「-」を使うんだけど、かけ算やわり算は算数とは違う記号を使うんだ。

算術演算子

演算子	意味
+	足し算
-	引き算
*	かけ算
/	わり算
%	わり算の余りを求める

算術演算子はいろいろあるよ。

複数の算術演算を行うときは「,」で区切ります。さまざまな算術演算子を使ったSQL文を実行してみましょう。

chap5-15.sql

```
SELECT 5 + 2, 5 - 2, 5 * 2, 5 / 2, 5 % 2;
```

出力結果

```
5 + 2  5 - 2  5 * 2  5 / 2  5 % 2
-----  -----  -----  -----  -----
7      3      10     2      1
```

%演算子はわり算の余りを求める演算子だから、5わる2で答えは2と余り1になるから、余りである1が出力されているよ。

カラムの値を使って計算しよう

それではテーブルのデータを使って計算してみましょう。代金を求めるためには、salesテーブルのitem_countカラムの値とitemテーブルのpriceカラムの値でかけ算を行います。

chap5-16.sql

```
SELECT sales.date, sales.item_id, item_name ,item_count * price
FROM sales INNER JOIN item ON sales.item_id = item.item_id;
```

出力結果

```
date        item_id  item_name  item_count * price
----------  -------  ---------  ------------------
2023-04-10  6        リンゴ        360
2023-04-10  4        ブドウ        500
2023-04-10  7        バナナ        400
2023-04-11  6        リンゴ        600
2023-04-12  8        イチゴ        800
2023-04-12  7        バナナ        600
2023-04-13  7        バナナ        400
2023-04-14  8        イチゴ        800
```

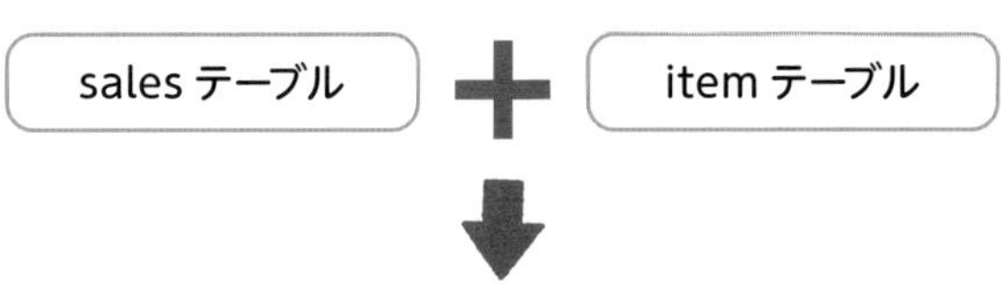

sales テーブル ＋ item テーブル

date	item_id	item_count	customer	item_id	item_name	price	farm	date
2023-04-10	6	3	ウサ田	6	リンゴ	120	青森	2023-04-09
2023-04-10	4	1	クマ井	4	ブドウ	500	山梨	2023-04-03
2023-04-10	7	2	サル橋	7	バナナ	200	沖縄	2023-04-09
2023-04-11	6	5	サル橋	6	リンゴ	120	青森	2023-04-09
2023-04-12	8	2	イヌ山	8	イチゴ	400	栃木	2023-04-09
2023-04-12	7	3	サル橋	7	バナナ	200	沖縄	2023-04-09
2023-04-13	7	2	ウサ田	7	バナナ	200	沖縄	2023-04-09
2023-04-14	8	2	ネコ村	8	イチゴ	400	栃木	2023-04-09

かけ算

よかった。ちゃんとカラムの値でかけ算ができているようだね。算術演算子を使った式に対してもASキーワードを使えるから、お父さんとお母さんには次の結果を見せるといいかもね。

LESSON 25

chap5-17.sql

```
SELECT sales.date, sales.item_id, item_name,
item_count * price AS total_price
FROM sales INNER JOIN item ON sales.item_id = item.item_id;
```

出力結果

```
date        item_id  item_name  total_price
----------  -------  ---------  -----------
2023-04-10  6        リンゴ        360
2023-04-10  4        ブドウ        500
2023-04-10  7        バナナ        400
2023-04-11  6        リンゴ        600
2023-04-12  8        イチゴ        800
2023-04-12  7        バナナ        600
2023-04-13  7        バナナ        400
2023-04-14  8        イチゴ        800
```

そうだね！　お父さんとお母さんには、こっちの状態で見せようっと。

集計関数の引数に演算結果を渡してみよう

関数の引数には算術演算子を使った式を渡すことも可能です。

書式：関数の引数に式を渡す

```
関数名(カラム名1 算術演算子 カラム名2)
```

次のSQL文ではSUM関数の引数に「item_count * price」の式を渡しています。

chap5-18.sql

```
SELECT SUM(item_count * price)
FROM sales INNER JOIN item ON sales.item_id = item.item_id;
```

出力結果

```
SUM(item_count * price)
-----------------------
4460
```

全商品の合計金額だ！

結合したテーブルの「item_count * price」の計算結果をSUM関数で合計しているんだ。

360 (3×120) + 500 (1×500) + 400 (2×200) + 600 (5×120)

+ 800 (2×400) + 600 (3×200) + 400 (2×200) + 800 (2×400) = 4460

もう１つ、関数の値を使って計算する方法も見てみよう。

書式：関数の結果を使って計算する

関数名(カラム名1) 算術演算子 カラム名2

次のSQL文では、SUM関数に引数でitem_countを渡し、得られた結果をpriceカラムの値とかけ算します。

chap5-19.sql

```
SELECT sales.item_id, item_name, SUM(item_count) * price
FROM sales INNER JOIN item
ON sales.item_id = item.item_id
GROUP BY sales.item_id
ORDER BY SUM(item_count) * price DESC;
```

出力結果

```
item_id  item_name  SUM(item_count) * price
-------  ---------  -----------------------
8        イチゴ        1600
7        バナナ        1400
6        リンゴ        960
4        ブドウ        500
```

item_idカラムの値でグループ化して、「SUM(item_count) * price」でグループごとの代金を求めているんだ。さらに、代金で降順に並べ替えているよ。

テーブルは2つでも、本当に1つのテーブルからデータを取り出しているみたいにデータを操作しているのね。

MEMO

算術関数

3章で関数について説明しましたが、集計関数以外にも算術関数や、日付関数といった種類の関数があります。算術関数の中でよく使用されるROUND関数は、引数の数値を四捨五入します。1つ目の引数で四捨五入したい数値、2つ目の引数で表示したい小数点以下の桁数を指定します。例えば、次のSQL文を実行すると、5.678という数値が四捨五入され、5.68と出力されます。

chap5-20.sql

```
SELECT ROUND(5.678,2);
```

出力結果

```
ROUND(5.678,2)
---------------
5.68
```

LESSON 26

データをCSVファイルに書き出そう

SELECT 文で取り出すデータはテキストファイルに出力し、出力したファイルを Excel で読み込むと表形式で表示することも可能です。

ひとまず今のエリちゃんに必要なデータベースの知識はここまでかな。よく頑張ったね！

こちらこそいろいろと教えてくれてありがとうございます！

最後に、取り出したデータをテキストファイルに出力して、表計算ソフトのExcelで表形式に表示させてみよう。Excelで表示したデータを印刷すれば、お父さんとお母さんに確認してもらいやすくなると思うよ。

フクロウ先生大好き～～。

CSVファイルを書き出す

Excelで表形式で表示させるために、まずは実行結果の表示モードをcsv形式に変更します。csv形式にすることで、取り出したデータが「,」区切りで表示されます。

書式：csv 形式の表示に変更する

```
.mode csv
```

ファイルの書き出しには.onceコマンドを使います。.onceコマンドの直後に実行したSQL文の結果をテキストデータとして出力できます。

書式：次に実行するSQL文の結果をファイルに出力する

```
.once ファイル名
```

それでは、.modeコマンド、.onceコマンドを実行したあと、SELECT文を実行してみましょう。SELECT文の内容はP.167と同じです。また出力するファイル名は「export_sample.csv」とします。

chap5-21.sql

```
.mode csv
.once export_sample.csv
SELECT sales.date, sales.item_id, item_name, item_count, customer
FROM sales INNER JOIN item ON sales.item_id = item.item_id;
```

出力結果

```
sqlite> .headers on
sqlite> .mode csv
sqlite> .once csv
sqlite> SELECT sales.date, sales.item_id, item_name, item_count, customer
   ...> FROM sales INNER JOIN item ON sales.item_id = item.item_id;
sqlite>
```

.onceコマンドを実行したあとのSELECT文は、実行結果がテキストデータとして出力されるんだ。

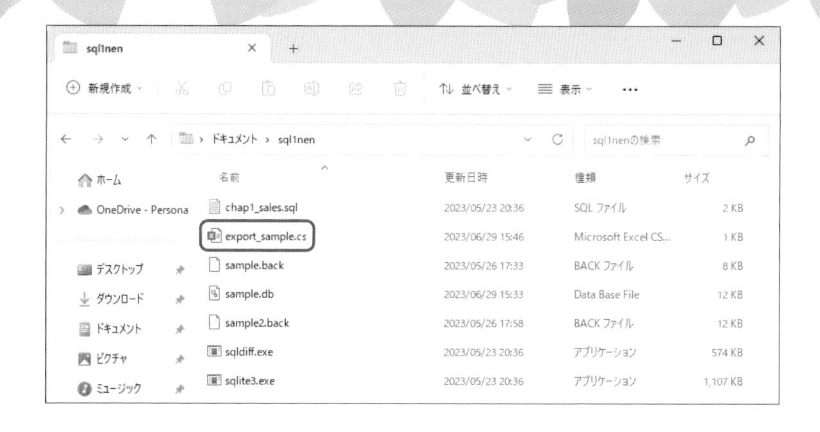

「sql1nen」フォルダにexport_sample.csvが作成されてるね。

Excelで開く前に、メモ帳などのテキストエディタで中身を確認してみよう。

Windowの場合は、❶ファイル名を右クリックし、❷［プログラムから開く］❸［メモ帳］をクリックします。

なおmacOSの場合は、ファイル名をcontrolキーを押しながらクリックし、［このアプリケーションで開く］-［テキストエディット.app］をクリックします。

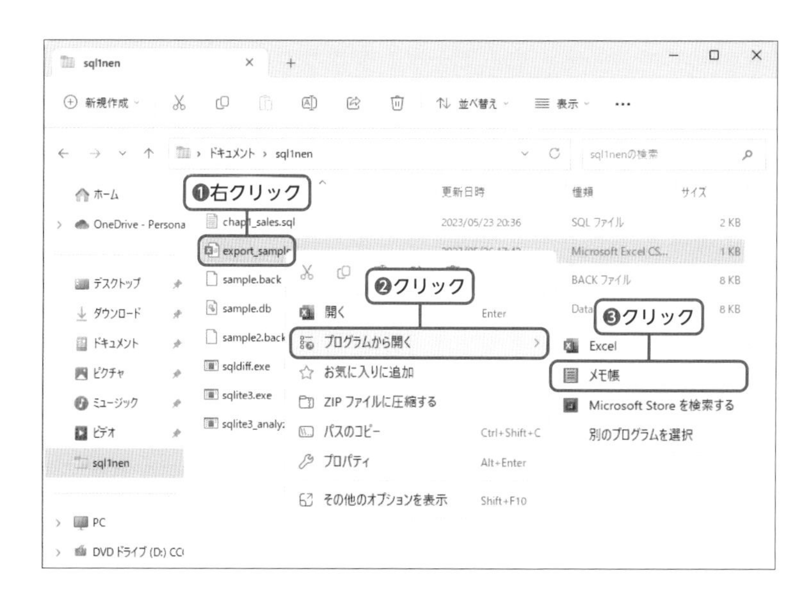

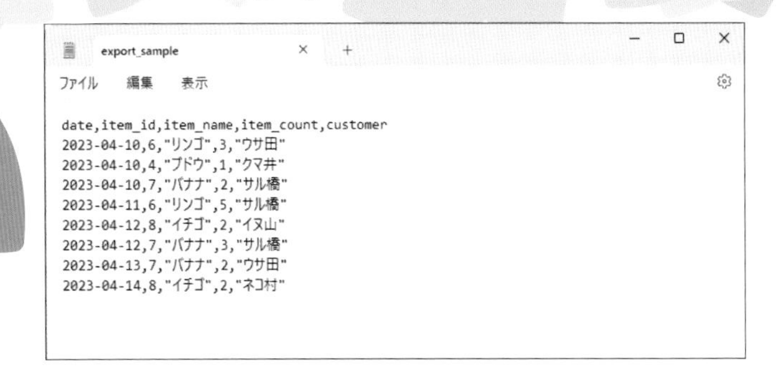


```
date,item_id,item_name,item_count,customer
2023-04-10,6,"リンゴ",3,"ウサ田"
2023-04-10,4,"ブドウ",1,"クマ井"
2023-04-10,7,"バナナ",2,"サル橋"
2023-04-11,6,"リンゴ",5,"サル橋"
2023-04-12,8,"イチゴ",2,"イヌ山"
2023-04-12,7,"バナナ",3,"サル橋"
2023-04-13,7,"バナナ",2,"ウサ田"
2023-04-14,8,"イチゴ",2,"ネコ村"
```

すごーい！　取り出したデータ自体はP.168と同じ内容だね。

csv形式で出力すると、値は「,」区切りで、文字列は「"」で囲まれるよ。

Windowsで出力したCSVファイルをExcelで読み込む

それでは、次の手順でCSVファイルをExcelで読み込んでみましょう。

1 Excelを開き読み込むファイルの形式を選択する

Excelを開いて新規の空白のブックを選択し、❶［データ］をクリックします。続けて、❷［テキストまたはCSVから］をクリックします。

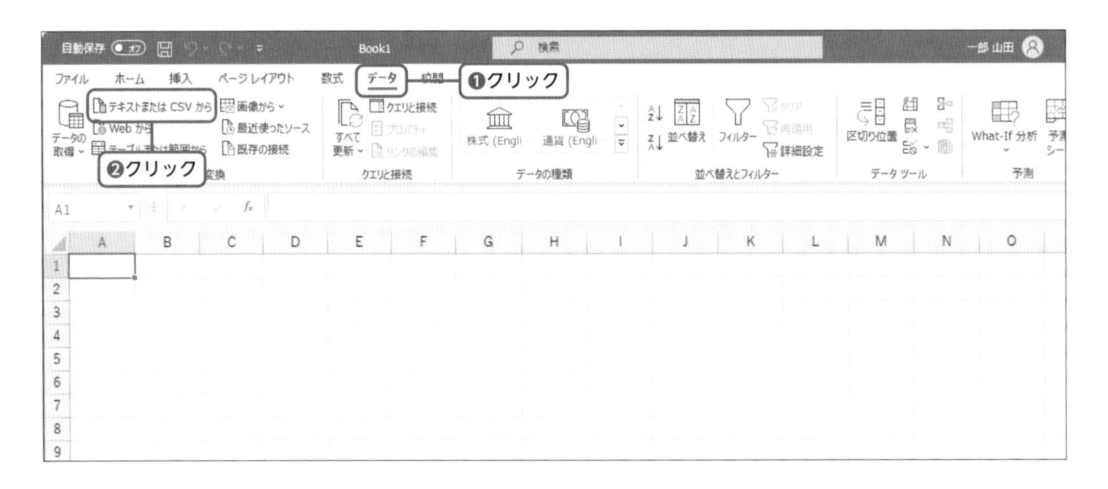

② 読み込むファイルを選択する

❶export_sample.csvをクリックして選択し、❷［インポート］をクリックします。

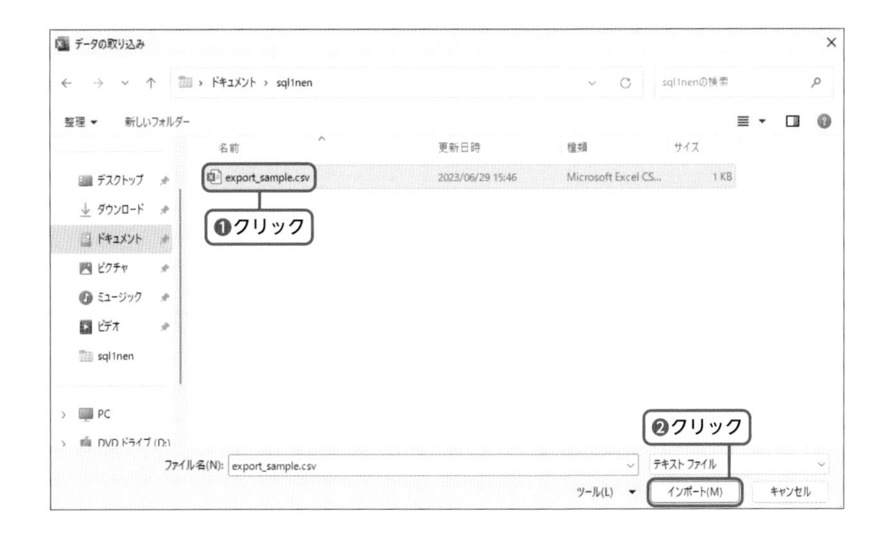

③ 読み込む形式を確認する

区切り記号が［コンマ］になっていること、プレビューが表形式になっていることを確認して、❶［読み込み］をクリックします。

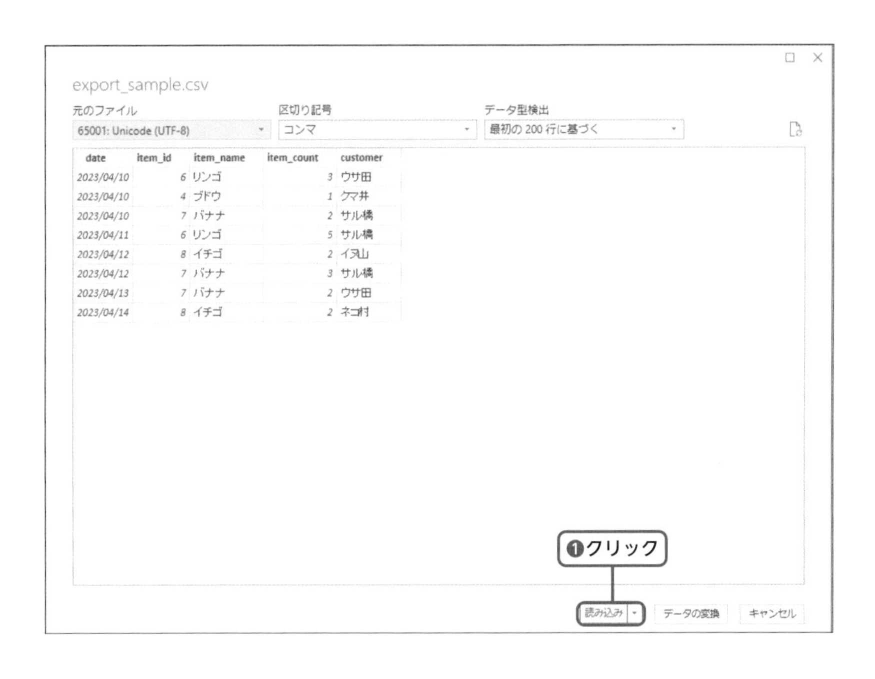

date	item_id	item_name	item_count	customer
2023/04/10	6	リンゴ	3	ウサ田
2023/04/10	4	ブドウ	1	クマ井
2023/04/10	7	バナナ	2	サル橋
2023/04/11	6	リンゴ	5	サル橋
2023/04/12	8	イチゴ	2	イヌ山
2023/04/12	7	バナナ	3	サル橋
2023/04/13	7	バナナ	2	ウサ田
2023/04/14	8	イチゴ	2	ネコ村

4 読み込み完了

date	item_id	item_name	item_count	customer
2023/4/10	6	リンゴ	3	ウサ田
2023/4/10	4	ブドウ	1	クマ井
2023/4/10	7	バナナ	2	サル橋
2023/4/11	6	リンゴ	5	サル橋
2023/4/12	8	イチゴ	2	イヌ山
2023/4/12	7	バナナ	3	サル橋
2023/4/13	7	バナナ	2	ウサ田
2023/4/14	8	イチゴ	2	ネコ村

macOSで出力したCSVファイルをExcelで読み込む

1 Excelを開いてデータの取得画面を表示しよう

Excelを開いて新規の空白のブックを選択し、❶［データ］をクリックします。続けて、❷［∨］-［データ ファイル指定］をクリックします。

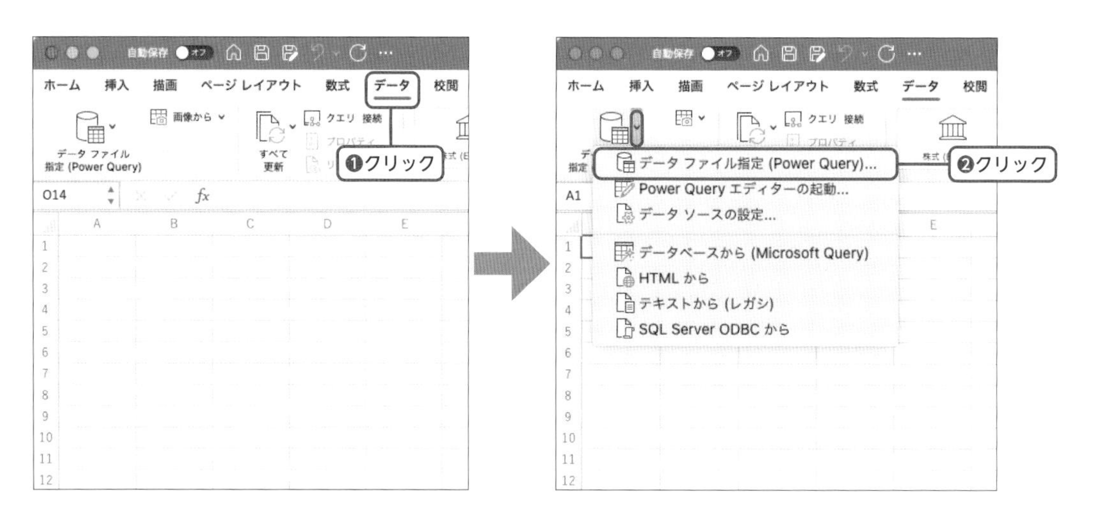

②読み込むデータの種類を選択する

CSVファイルを読み込みたいので❶［テキスト/CSV］をクリックします。

③ファイルの選択画面を表示する

❶［参照］をクリックします。

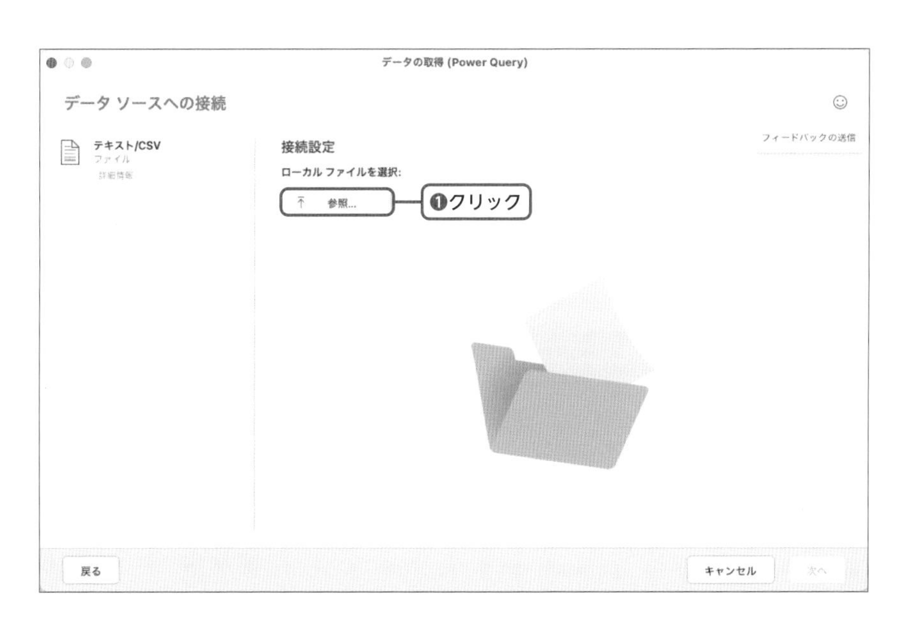

LESSON 26

④ 読み込むファイルを選択する

❶export_sample.csvをクリックして選択し、❷［データ取り出し］をクリックします。

⑤ 読み込むファイルを確定する

❶［次へ］をクリックします。

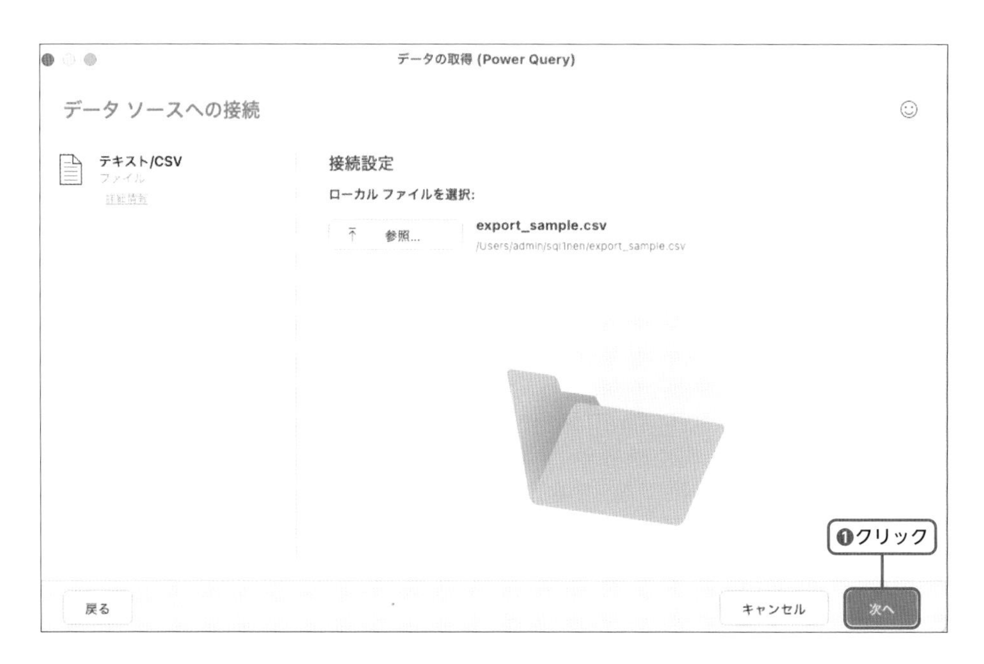

⑥ 読み込む形式を確認する

区切り記号が［コンマ］になっていること、プレビューが表形式になっていることを確認して、❶［読み込む］をクリックします。

date	item_id	item_name	item_count	customer
2023/4/10	6	リンゴ	3	ウサ田
2023/4/10	4	ブドウ	1	クマ井
2023/4/10	7	バナナ	2	サル橋
2023/4/11	6	リンゴ	5	サル橋
2023/4/12	8	イチゴ	2	イヌ山
2023/4/12	7	バナナ	3	サル橋
2023/4/13	7	バナナ	2	ウサ田
2023/4/14	8	イチゴ	2	ネコ村

⑦ 読み込み完了

date	item_id	item_name	item_count	customer
2023/4/10	6	リンゴ	3	ウサ田
2023/4/10	4	ブドウ	1	クマ井
2023/4/10	7	バナナ	2	サル橋
2023/4/11	6	リンゴ	5	サル橋
2023/4/12	8	イチゴ	2	イヌ山
2023/4/12	7	バナナ	3	サル橋
2023/4/13	7	バナナ	2	ウサ田
2023/4/14	8	イチゴ	2	ネコ村

LESSON 27

これから何を勉強したらいいの？

データベースでデータを管理する方法はひととおり説明しました。これから先どのように勉強していけばよいのでしょうか。

先生！ SQLやデータベースについてもっと知りたいんだけど、何を勉強すればいいのかな。

今回はシンプルなデータベースだったからやらなかったけど、3つ以上のテーブルの結合や、SQL文の中にSQL文を入れた複雑なSQL文を作ることもできるんだ。

SQL文の中にSQL文を入れる??

そう。サブクエリといって、取り出したデータを対象に、さらにSELECT文でデータを取り出す操作があるんだ。

ほぇ〜。まだまだ勉強していないことがたくさんあるんだね。

あとは1章でも少し触れたけど、SQLite以外のRDBMSを使ってSQLを勉強してもいいと思うよ。

ふむふむ。

何らかのシステムやWebアプリケーションは、Oracle DatabaseやMySQLなどを使うのがメジャーなんだ。データ量が何万件以上もあったり、複数人で同時にデータベースにアクセスしたりするからね。

そっかSQLiteは複数人で同時に操作できないもんね……。

それにSQLiteにはない便利なしくみや機能がほかのRDBMSにあるから、より柔軟にデータを管理できるんじゃないかな。もし、今後エリちゃんがWebアプリケーションを作るとき、ほかのRDBMSの知識を持っていればとても役に立つよ。

ちょっとほかのRDBMSも使ってみたくなってきた！

MEMO

PythonとSQLite

プログラミング言語の一種であるPythonには、ライブラリとしてSQLite（sqlite3）が提供されています。そのため、PythonとSQLiteを組み合わせることで、手元のパソコンで実行できるオリジナルのデータ管理アプリケーションを作れます。データを管理するアプリケーションを作って見たいけど、P.20で説明しているようなWebアプリケーションを作るのは難しそう……と思っている方は、Pythonを勉強してみてもよいでしょう。

索引

記号

_(アンダースコア) ··· 148
- ··· 173
.backupコマンド ··· 121
.exitコマンド ··· 36
.hederコマンド ··· 44
.modeコマンド ··· 44, 179
.onceコマンド ··· 180
.readコマンド ··· 34
.restoreコマンド ··· 121
.tablesコマンド ··· 35
* ··· 173
/ ··· 173
;(セミコロン) ··· 43
% ··· 173
+ ··· 173
< ··· 56
<= ··· 56
<> ··· 56
= ··· 56
> ··· 56
>= ··· 56

A

ALTER文 ··· 151
AND演算子 ··· 61
ASキーワード ··· 51
AVG関数 ··· 85, 93

B

BETWEEN演算子 ··· 72

C

cdコマンド ··· 30
COUNT関数 ··· 82
CREATE文 ··· 153
CRUD ··· 119
csv形式 ··· 179

D

DBMS ··· 16
DELETE文 ··· 140
DESCキーワード ··· 104
DISTINCTキーワード ··· 47
DROP TABLE文 ··· 142

G

GROUP BY句 ··· 89
GROUP_CONCAT関数 ··· 95

H

HAVING句 ··· 99

I

INNER JOIN句 ··· 165
INSERT文 ··· 123
INTEGER型 ··· 155
IN演算子 ··· 70

M

MAX関数 ··· 86
MIN関数 ··· 86

N

NOT BETWEEN演算 ··· 74
NOT IN演算子 ··· 71
NOT NULL制約 ··· 157
NOT演算子 ··· 64
NULL型 ··· 155
NULL値 ··· 83, 129

O

ORDER BY句 ··· 103
OR演算子 ··· 63

P

Parse error …… 114

R

RDBMS …… 16
ROUND関数 …… 178
Runtime error …… 163

S

SELECT文 …… 42
SQL …… 18
SQLite …… 19
SQLiteの起動 …… 32
SQLiteの終了 …… 36
SUM関数 …… 84, 92

T

TEXT型 …… 155

U

UPDATE文 …… 135

W

WHERE句 …… 55

あ行

エイリアス …… 52

か行

カラム …… 17
カレントディレクトリ …… 30
関数 …… 81
キーワード …… 149
句 …… 49
降順 …… 105
コマンドプロンプト …… 28
コマンドラインツール …… 27
コメント …… 132

さ行

算術演算子 …… 173
算術関数 …… 178
集計関数 …… 81
主キー制約 …… 156
昇順 …… 105

た行

ターミナル …… 29
データ型 …… 155
データの更新 …… 135
データの追加 …… 123
データの取り出し …… 42, 45, 48
データの並べ替え …… 103
データの復元 …… 133
データベース …… 15
テーブル …… 17
テーブルの結合 …… 165
テーブルの削除 …… 142

は行

バックアップ …… 120
比較演算子 …… 56
引数 …… 81
ファイルを読み込む …… 34
フィールド …… 17
ヘッダーを表示する …… 44

ま行

命名規則 …… 147
戻り値 …… 81

ら行

リレーショナルデータベース …… 16
レコード …… 17
レコードの削除 …… 140
レストア …… 120
論理演算子 …… 61

●著者プロフィール

リブロワークス

「ニッポンのITを本で支える!」をコンセプトに、主にIT書籍の企画、編集、デザインを手がけるプロダクション。SE出身のスタッフも多い。最近の著書は『Web技術で「本」が作れるCSS組版 Vivliostyle入門』(C&R研究所)、『ノンプログラマーのためのVisual Studio Code実践活用ガイド』(技術評論社)、『世界一やさしいウィンドウズ11 2023最新版』(インプレス)、『2023年度版 みんなが欲しかった!ITパスポートの教科書&問題集』(TAC出版)など。
https://www.libroworks.co.jp/

装丁・扉デザイン	大下 賢一郎
本文デザイン	株式会社リブロワークス
装丁・本文イラスト	あらいのりこ
漫画	ほりたみわ
編集・DTP	株式会社リブロワークス
校正協力	佐藤弘文

SQL(エスキューエル) 1年生　データベースのしくみ
SQLite(エスキューライト)で体験してわかる!会話でまなべる!

2023年10月16日 初版第1刷発行

著　　者　リブロワークス
発 行 人　佐々木 幹夫
発 行 所　株式会社翔泳社(https://www.shoeisha.co.jp)
印刷・製本　株式会社シナノ

ISBN978-4-7981-7961-2
Printed in Japan